Denkanstöße '88

SERIE PIPER
Band 727

Zu diesem Buch

Wissenschaftler und Publizisten von Rang schreiben für ein geistig interessiertes, aufgeschlossenes Publikum. Das ist ein Kennzeichen des Sachbuch- und Wissenschaftsprogramms im Piper Verlag. Das Lesebuch »Denkanstöße '88« schließt an seine drei sehr erfolgreichen Vorgänger aus den Jahren 1985–1987 und an »Lust am Denken« an. Es bietet zentrale Passagen aus den wichtigsten Neuerscheinungen der jüngsten Zeit unter vier Überschriften: »Gesellschaft und Geschichte«, »Verantwortung und Handeln«, »Denken und Deuten«, »Grenzbereiche«. Die Vermittlung neuer wissenschaftlicher Erkenntnisse, die Zusammenfassung aktueller Diskussionen in Wissenschaft und Politik, die pointierte Darstellung eigener Beiträge zu solchen Diskussionen – das sind Anliegen der jeweiligen Autoren, die in den ausgewählten Beiträgen deutlich werden. Die Leser sollen mit diesen Texten zum eigenen Mit- und Weiterdenken angeregt werden.

»Denkanstöße '88« – das sind 31 Texte von 31 Autoren, darunter Musiker, Politiker, politische Publizisten, Politologen, Historiker, Pädagogen, Philosophen, Psychologen, Juristen, Ökonomen, Biologen, Mediziner, Physiker und Theologen.

Denkanstöße '88

Ein Lesebuch aus Philosophie,
Natur- und Humanwissenschaften

Auswahl und Zusammenstellung der Texte von
Heidi Bohnet-von der Thüsen

Piper
München Zürich

Mitarbeit bei der Auswahl der Texte:
Renate Dörner, Klaus Stadler und Ulrich Wank

ISBN 3-492-10727-3
Originalausgabe
September 1987

Umschlag: Federico Luci,
unter Verwendung der Schiebe-Graphik
»Metamorphose des Quadrats II« (1986)
von Ernst Helmstädter
Gesamtherstellung: Clausen & Bosse, Leck
Printed in Germany

Inhalt

III DENKEN UND DEUTEN

IV GRENZBEREICHE

Vorbemerkung

Mit »Lust am Denken« (Texte aus den Jahren 1970 bis 1980) hat der Piper Verlag eine Tradition begründet, die er mit den Bänden »Denkanstöße '85 – '87« erfolgreich fortführte. Dort wurden Beiträge aus den folgenden Jahren versammelt. Die vorliegende Ausgabe der »Denkanstöße '88« schließt mit Texten aus den Jahren 1985 und 1986 daran an. Die Gewichtung hat sich gegenüber den früheren Bänden verschoben: Der Hauptakzent liegt auf den Teilen I »Gesellschaft und Geschichte« und II »Verantwortung und Handeln«. Die Teile III »Denken und Deuten« und IV »Grenzbereiche« sind als entscheidende Ergänzung zu begreifen.

Obwohl in Teil I *»Gesellschaft und Geschichte«* auch historische Themen beleuchtet werden (Altwegg, Greiffenhagen, Maier, Skriver, Stürmer), bleibt der Bezug zur Gegenwart klar erkennbar. In anderen Beiträgen – das Verhältnis der katholischen Kirche zur Politik (Greinacher), Fragen des Judentums (Hannah Arendt/Karl Jaspers), die Rolle der Wissenschaft unseres Landes im internationalen Zusammenhang (Markl), die deutsche Frage (Rovan) – stehen die aktuellen Bezüge im Vordergrund.

Der zweite Pfeiler des Bandes, Teil II *»Verantwortung und Handeln«*, ist auf vielfältige Weise mit dem ersten Teil verbunden, greift jedoch eine eigenständige Denkkategorie als »roten Faden« auf; Verantwortung und – daraus folgend – Verpflichtung zu aktiver Veränderung erscheinen in vielen Schattierungen: in der Bewußtseins- und Verhaltensänderung des einzelnen sowie der Gesellschaft im Umgang mit »Gegnern« (Bauriedl, Kaufmann); im Bild, das Jaspers vom modernen Arzt zeichnet; als Grundlage der Freiheit, die nicht nur Recht, sondern auch Pflicht bedeutet (Eccles). In anderer Nuance wird Verantwortung aufgrund neuartiger Erkenntnisse für den wirtschaftlichen (Biedenkopf) und für den politischen Bereich (Hamm-Brücher) beschworen. Hinzu tritt die ganz eigentümliche Facette: Verantwortung des *Deutschen*, so in der Frage nach Heimat (v. Krockow) als Verpflichtung, bestimmte Veränderungen zu *erhalten* oder – andererseits – sich mit der Entscheidung gegen Atomwaffen gefährlichen Veränderungen *in den Weg zu stellen* (Hahn, Heisenberg).

In Teil III *»Denken und Deuten«* werden Ergebnisse aus Naturwissenschaften und Philosophie brennpunktartig beleuchtet. Neben einer Analyse der »Molekularsprache« (Küppers) und einem Beitrag zur Aggression als Gegebenheit menschlichen Zusammenlebens (von Cube/Alshuth) wird die Rolle des Widerspruchs in der Entwicklung des Denkens erörtert (Gierer) und die marxistische Deutung von Wissenschaft als Grundlage der Ethik abgelehnt (Sperry). Von ganz verschiedenen Ansätzen her behandeln zwei Autoren das Thema »Zeit« (Bischof, Kluge), und Menuhin verblüfft mit seinem »Lob des Schweigens«.

In Ausnahmesituationen und *Grenzbereiche* führt Teil IV. Es geht um die Fähigkeit zu verantwortlich-unabhängigem Urteilen, auch unter Ausnahmebedingungen wie denen des Dritten Reichs (Hannah Arendt, Klemens v. Klemperer), es geht jedoch ebensosehr um Leben und Überleben im »Ausnahmezustand« des Südafrikas von heute (Kruchem). Ins Persönliche übertragen werden die Grenzerfahrungen im Bereich Gesundheit – Krankheit (Gerlinghoff, Schipperges). Sie werden schließlich – das Persönliche übersteigend – mit den Gedanken über Leid und Sterben (Zahrnt) in einem umfassenderen Rahmen gesehen.

Mit all diesen Texten, die in sich geschlossen sind und dennoch auf größere Zusammenhänge verweisen, soll die Freude am Weiterlesen und Weiterdenken geweckt werden.

I GESELLSCHAFT UND GESCHICHTE

Jürg Altwegg
Pionier der modernen Kultur

»Die große Bedeutung, die große Originalität Diderots – und das hat niemand bemerkt – besteht darin, daß er in die gewichtige und geregelte Büchersprache das Lebhafte, das Brio, das Hüpfende, die ein wenig närrische Unordnung, das Lärmende, die fiebrige Lebendigkeit des Gesprächs gebracht hat: des Gesprächs der Künstler, mit denen er als erster französischer Schriftsteller in enger Beziehung gelebt hat.« Dieser Eintrag im Tagebuch der Gebrüder Goncourt stammt aus einer Zeit, da Diderot noch immer zu den meistgehaßten Philosophen gehörte, und dokumentiert den zaghaften Versuch, ihn auf Um- und Nebenwegen wieder in die Diskussion zu bringen. Nochmals hundert Jahre danach ist uns sein Materialismus am nächsten. In ihm unterscheidet er sich am deutlichsten von Rousseau und Voltaire, der wohl als erster merkte, daß er es mit einem »definitiven Atheisten« zu tun hatte.

Im »Lettre sur les aveugles« beschreibt Diderot, von dessen Werk bis in die Mitte des 20. Jahrhunderts keine Gesamtausgabe existierte, den Menschen als Teil eines großen Ganzen, als Element einer dem Zufall und dem Chaos geweihten Materie – ohne vorausbestimmte Harmonie oder gar kosmische Vernunft, die er für Humbug und Betrug hielt. Im Laufe seiner theoretischen wie praktischen Erfahrungen hat Diderot diesen Ansatz weiter radikalisiert – im Artikel »Tier« der »Enzyklopädie«, in seinen »Pensées sur l'interprétation de la nature«, im »Rêve d'Alembert«. Der »Commentaire sur Hemsterhuis« – 1774 geschrieben, aber erst 1964 gedruckt! – analysiert die materiellen Mechanismen des Schlafs und des Erinnerungsvermögens. Der Verfasser bezeichnet den Menschen als Metamorphose der Materie – und das Denken als Produkt, als Funktion des Körpers. Es gibt in Diderots Auffassung kein autonomes »Seelenleben«, das von der »tierischen Ökonomie« des Wesens Mensch unterschieden werden könnte. In den »Eléments de Physiologie«, die er in den letzten Jahren vor seinem Tod niederschrieb, versucht er nochmals, die materielle Organisation des Seins zu ergründen: »Es gibt keine anderen Ursachen als die körperlichen.«

Verausgabung und Verschwendung ohne Finalität: Das sah Diderot in der Natur. Die Wissenschaften haben seither diese Ansätze untermauert, und ihr Wissen führt heute weit über Diderot hinaus. Doch seine Hypothesen bleiben von unverbrauchter Aktualität. Mit seiner »Sensibilität der Materie« gelang es ihm, den Dualismus von Geist und Materie zu überwinden sowie das philosophische und wissenschaftliche Denken von der Theologie zu emanzipieren; für die Kenntnis der Materie, die er vorantrieb, war es unnötig, eine metaphysische Dimension zu beschwören. Nie aber – und darin ist seine Lektion nach der Totalitarismuserfahrung begründet, für deren Greuel man auch die Aufklärung verantwortlich macht, Diderot aber wohlweislich ausnimmt: er ist kein »Meisterdenker« – hat der Philosoph und Schriftsteller seine materialistischen Überzeugungen, seine Weltanschauung zum Credo, zu einem Dogma gemacht: Für Diderot war der Materialismus kein Glaubensbekenntnis, sondern eine Methode der Befragung und Befreiung – und damit eine Angelegenheit der intellektuellen Redlichkeit.

Diese Auffassung wurde zweifellos durch seine Arbeit für die »Enzyklopädie« mitgeprägt. Umberto Eco hat dieses monumentale Werk aus dem Blickwinkel der modernen Kulturproduktion analysiert; in einem Essay, den verschiedene europäische Zeitschriften 1984, zum 200. Todestag Diderots, druckten. Der Autor porträtiert Diderot als frühen Repräsentanten der ersten Kulturindustrie: Lebte er heute, »hätte er einen Presseausweis und wäre freier Mitarbeiter beim Rundfunk, Fernsehen und den Verlagshäusern, bereit, wie er es tat, bei Gelegenheit einen Vertrag für ein langfristiges Engagement zu unterzeichnen«.

Die »Enzyklopädie« ist für Eco das Meisterwerk in der »Geschichte der ›industries culturelles‹« – mehr als eine Episode, mehr als ein Produkt: nämlich geradezu die Grundlage ihrer Berechtigung. Sie war nicht nur für die Gelehrten bestimmt, sondern in gleichem Maße für die Leser der aufstrebenden Bourgeoisie, die zugleich Gegenstand und Quelle der Information war. Ihr eifersüchtig gehütetes, vom Vater auf den Sohn übermitteltes Wissen – das man ihr nur entlocken konnte, wenn man als Lehrling bei ihr arbeitete – brachte Diderot in seine Enzyklopädie der Wissenschaften, Künste und des Handwerks ein.

Eine wesentliche Pionierleistung sieht Umberto Eco in der Bedeutung, die der Herausgeber der Technik und der manuellen Arbeit beimaß: »In diesem Sinne ist die ›Enzyklopädie‹ das erste wirklich moderne Werk, das eine Umkehrung des Wissens bewirkt und das den Händen das Ansehen zurückgibt, das man zuvor nur dem Intellekt zuerkannte.«

Das enzyklopädische Unternehmen ist aber auch die Synthese einer Tradition, die die Welt nicht mehr länger als starres mechanistisches System und Ausdruck einer vorbestimmten hierarchischen Ordnung begreift, sondern als etwas Organisches, das sich in einem ständigen Prozeß des Werdens befindet. Deshalb betrachtet Eco die »Enzyklopädie« als ein »Modell für die spätere Kulturindustrie, besonders weil sie ihre eigene Vergänglichkeit als Grundbedingung ihrer Existenz begreift«. Neben den Artikeln, die sich mit den Schwierigkeiten, Methoden, Neuerungen des Unterfangens befassen, verweist Eco besonders auf den Abschnitt, der von der »idealen Enzyklopädie« fordert, daß sie sehr schnell entstehen müsse. »Weil sie sich als endgültig verneinte, ist sie wirklich endgültig geworden: bis zu jenen Bereichen, deren Wissen, welches sie vermittelt, überholt ist, zeichnet sie sich durch eine methodische Lektion der Öffnung aus.«

Der »Verleger« der »Enzyklopädie« verkörpert die positiven wie negativen Eigenschaften der Kulturindustrie. Diderot war der mutigste und nonkonformistischste Herausgeber, der sich denken läßt – und der unzimperlichste. Er hatte mit seinem Werk, dem er dreißig Jahre seines Lebens widmete, erfahren, daß »Kultur« nicht ohne Politik und Wirtschaft gemacht werden kann. Er stellte sich der Herausforderung mit allen Kompromissen – zum Teil auch »Kompromissionen« – und verzichtete trotz immenser Schwierigkeiten darauf, sein gigantisches Unternehmen mit einer Ideologie abzustützen. Diderot ließ sich auf das Spiel mit der Macht ein, die die Herausgabe lange unterdrückte und verzögerte – er übertölpelte die Zensur, indem er die mathematischen Beiträge den Spezialisten für Literatur zustellte. Oder umgekehrt. »Die vielen Ehrenmänner, die die Geschichte der Literatur, der Wissenschaft und der Künste bewohnen, haben alle auf ihre Weise eine Leiche im Schrank; unter ihnen ist Diderot einer der wenigen, der den Mut hatte, sich nicht nur die Hände schmutzig zu machen, sondern es auch laut zu sagen«, beschließt Umberto Eco seinen Aufsatz über den »Pionier der modernen Kultur«.

Neben dieser Verwandtschaft mit der Moderne, die Diderot als aktuellen Vertreter der Aufklärung erscheinen läßt, gibt es auch den ästhetischen Einfluß, der vielleicht noch überraschender ist. Man hat seinem Schreiben einen »Stil der Freiheit« zuerkannt – ein größeres Kompliment kann es nicht geben – und seine Technik des Erzählens mit ihrem ständig wechselnden Rhythmus als Vorläuferin der Literatur von Robbe-Grillet, Georges Perec, Borges, Italo Calvino, auch von Kundera bezeichnet. Im Bereich des Films, der seiner Ästhetik viel verdankt, sind Luis Buñuel und Woody Allen zu nennen. Der Mann des Wissens, der Denker der skeptischen Vernunft, der Diderot war, hat bei allem Materialismus »nie mit der Phantasie gebrochen« – das ist, schrieb das »Magazine littéraire« zu seinem 200. Todestag, die »überzeugendste Lektion des Romanciers«.

Und Elisabeth de Fontenay, die vor wenigen Jahren mit ihrem bedeutenden Buch »Diderot ou le matérialisme enchanté« das neue Bild, das sich die Welt von ihrem Zeitgenossen aus dem 18. Jahrhundert macht, in seinen wesentlichen Zügen skizzierte, hebt hervor: »Von den drei großen Philosophen (zusammen mit Rousseau und Voltaire) war Diderot sicher derjenige, der am wenigsten an sich glaubte, aber er war vielleicht der den anderen gegenüber offenste. Unter seiner offiziellen und materialistischen Ausrichtung war die Tür für alles offen. Bei ihm ist alles möglich. Sein Materialismus hat etwas Mystizistisches. Er ist ein Mann, der keine Angst hat, sich zu kompromittieren, während die anderen unbeweglich, steif bleiben.« Das ist die rehabilitierende Einschätzung nach einem postumen Purgatorium von eineinhalb Jahrhunderten. Jean-Claude Bonnet (»Diderot«) nennt drei Gründe für diese vergangene Ablehnung: Diderot – dies der erste Grund – habe den Terror der Revolution »inspiriert«, ferner sei er »Materialist« und zudem – drittes Klischee – unleserlich. Er wurde verketzert, übergangen – und am Ausgang des 19. Jahrhunderts von Barrès und anderen als Inbegriff des »deutschen Geistes« schlicht »ausgeschlossen« (Bonnet).

Diderot ist nie zum *grand écrivain* gekürt, nie zum nationalen Monument erhoben worden – im Gegensatz zu Voltaire und Rousseau, deren 200. Todestag 1978 begangen worden war.

Hannah Arendt / Karl Jaspers
Judentum – Zwei Briefe

Karl Jaspers an Hannah Arendt

Basel, den 29. August 1954

Liebe Hannah!

Vor drei Tagen war Kurt Blumenfeld* mit seiner Frau bei uns. Es war wunderschön. Von Anfang an gab es ein offenes, vertrauendes Gespräch. Man brauchte nicht vorsichtig zu sein. Unter anderem habe ich versucht, gegen den schrecklichen Vorwurf, die jüdische Assimilation in Deutschland sei nur um den Preis der Charakterlosigkeit möglich gewesen, anzugehen. Mir ist aus eigener Anschauung doch gar kein Zweifel an der Wirklichkeit höchst charaktervoller Menschen, die durchaus Juden und ganz und gar Deutsche waren. Das jüdische Deutschtum von anderthalb Jahrhunderten war eine herrliche Sache, wie alles in der Geschichte natürlich auch durch viele Übel befleckt. In nächster Nähe symbolisch für viele andere habe ich einen Unterschied zwischen meiner Frau und meinem besten Freunde, Ernst Mayer, wahrgenommen. Meine Frau, unendlich empfindlich, schon auf bloße Möglichkeit hin sich als Jüdin beleidigt fühlend, und von unerbittlicher Konsequenz, aber doch ganz deutsch und getragen von jüdischer Substanz und beides untrennbar und gar nicht wie bei Heine, bei dem etwas Fatales bleibt. Und Ernst Mayer, von Kindheit auf gänzlich unempfindlich, als Jude überhaupt nicht zu beleidigen. Man steckte ihm als Knaben Schweineschwänze in die Tasche und beleidigte ihn auch auf andere Weise, was meiner Frau nie passiert ist. Aber Menschen, die so etwas taten, gingen ihn einfach nichts an. Er kam nie auf den Gedanken, eine Verallgemeinerung zu vollziehen in dem Sinne, daß die Umwelt antisemitisch sei. Beide haben, so viel ich zu sehen vermag, am Charakter nie gelitten. Nur war ihr

---

* 1884–1963, führender Zionist, war mit H. A. nahe befreundet.

Verhalten zur Umwelt sehr verschieden. Beide haben sich gegenseitig so sehr geliebt, als ob sie durch mehr als nur Geschwisterlichkeit verbunden seien. Merkwürdig war der Beginn unserer Beziehung. Als Ernst mich bei einem medizinischen Kurs traf, suchte er gleich meine Bekanntschaft und blieb hartnäckig, trotzdem ich als norddeutscher Eisklotz nur mit Höflichkeit reagierte. Er erzählte Gertrud: Endlich habe ich einen deutschen Studenten gesehen, und Gertrud antwortete: Laß ihn, er ist vielleicht doch antisemitisch, dräng dich nicht auf. Ernst ließ sich nicht stören. Nach vier Wochen waren wir Freunde. Und als ich Gertrud traf, am Schluß des Semesters, nachdem sie lange den gemeinsamen Besuch verwehrt hatte, war unser Geschick eigentlich in einer Stunde entschieden. Nun soll ich die Assimilation beklagen? Mir geht es ganz umgekehrt. Wenn ich Blumenfeld sehe, habe ich es mit einem Deutschen zu tun, der auch Jude ist und der selber in den Aussagen ganz anders denkt wie ich. Aber daß wir uns sogleich so gut verstehen, ist das gemeinsame Deutsche. Er ist so deutsch wie Sie. Was ist denn deutsch, werden Sie fragen. Ich weiß es nicht oder kann darüber ganze Bücher schreiben. Jedenfalls ist es etwas, das uns verbindet. Ein russischer Jude wie Frau Blumenfeld, mag er noch so hoch zu schätzen sein und so liebenswert, er ist nicht deutsch. Sie wissen aber, daß ich nun auf die Betonung dieses Deutschen gar kein Gewicht lege. Hier handelt es sich nicht um Willen, sondern um Wirklichkeit. Blumenfeld erzählte mir, daß er mit Niebuhr in New York gesprochen habe, erst englisch, dann mitten in der Unterhaltung deutsch. Niebuhr habe deutsch gesprochen, als ob er eben aus Hamburg käme. Seine Ahnen sind in den vierziger Jahren des vorigen Jahrhunderts nach Amerika ausgewandert. In der Folge der Generationen haben sie die Sprache bewahrt. Vielleicht ist das auch so ein Mann, den ich gleich als deutsch entpfinden würde, obgleich er außerdem totaler Amerikaner ist. Blumenfeld haben meine Frau und ich beide ungemein gern. Natürlich war oft von Ihnen die Rede, der diese Zusammenkunft zu verdanken war. Er hat für Sie eine große Neigung und Bewunderung. Meine ist, denke ich, noch größer, aber ganz anders.

Blumenfelds Auge blitzte und war so gütig. Im ganzen aber hat sein Wesen durch die Schlaganfälle wohl ein wenig gelitten. Eine gewisse Langsamkeit, eine gewisse Neigung zum Sentimentalen und Übertreibenden hängt vielleicht damit zusammen. Aber das war ganz gleichgültig. Was er sagte, wie er es sagte und wie er blickte, alles war so ungewöhnlich rein und redlich. Haben Sie Dank, daß Sie die beiden zu uns gebracht haben.

Nun danke ich für Ihren Brief vom 24. Juli. Ihre Ferien sind nun wohl schon beendet. Ich hätte längst schreiben sollen. Doch Mitte Juli erkrankte ich (Infektion), dann gingen wir in die Ferien. Seit einigen Tagen sind wir wieder in Basel und ich wieder ganz gesund.

Daß Sie einen Lehrstuhl in Berkeley angeboten bekamen, ist doch großartig. Daß Sie ihn ablehnen, entspricht Ihnen. Wenn Ihr Mann nicht wäre, würde ich es für eine Hybris halten. Blumenfeld sprach seine Sorge aus, Sie könnten mal eine große Dummheit machen. Ich widersprach, das wäre in Ihrer Jugend so gewesen, inzwischen seien Sie so realistisch, erfahren und klug, daß Sie sich im Zaum halten würden und die Amerikaner nicht beleidigen. Auch könnten Sie so schreiben und reden, daß Sie nicht beleidigen, ohne daß Sie darum verschweigen müssen. Aber nachdem Blumenfeld das sagte, hatte ich doch ein wenig Angst und muß es Ihnen schreiben. Daß Sie im Frühjahr für ein Semester als Gast nach Berkeley gehen, wird für Sie ohne Zweifel lehrreich werden, sowohl durch Ihre eigene Lehrtätigkeit wie durch die Reaktionen, die Sie erfahren. Aber ohne Mann ist es doch eine arge Sache.

Sie schreiben von den jetzigen Umständen in Amerika. Ich verstehe es nicht. Ein sehr prominenter Jude in Amerika hat vor kurzem an Blumenfeld geschrieben: Nun wird es auch für uns brenzlich. Ist denn so etwas ernst gemeint? Oder haben Sie etwas ganz anderes im Auge?

Was Sie über Leo Strauss* schreiben, interessiert mich. Jetzt Atheist? Seine früheren Bücher ließen ihn als orthodoxen Juden erscheinen, der die Autorität rechtfertigt. Stil und Ton seiner Bücher waren mir unsympathisch. Aber was er schreibt, ist reich an Kenntnissen.

---

* 1899–1973, deutsch-jüdischer Historiker und Philosoph, emigrierte 1938 in die USA.

Sie fragen nach Krüger.* Er hatte im Januar 1953 und wieder im Herbst 1953 zweimal einen Schlaganfall. Die Ursache ist medizinisch unklar. Aber der Zustand ist schlimm, vor allem die Aphasie. Es ist ausgeschlossen, daß er wieder arbeiten oder gar Vorlesungen halten kann. Gegenwärtig ist er in Heidelberg in einem Sanatorium. Noch ist er nicht pensioniert. Man hält offenbar begreiflicherweise die Fiktion einer möglichen Wiederherstellung noch aufrecht. Eine schlimme Situation. Für die deutsche Philosophie ist sein Ausscheiden meines Erachtens der größte Verlust. Krüger ist der Anständigste, Solideste, Ernsteste. Über den deutschen Universitäten scheint ein Verhängnis zu walten.

Meiner Frau geht es mit dem Knie und dem Rheumatismus wieder erstaunlich gut. Wir sind sehr froh. Das Herz ist dafür leider nicht gerade bedrohlich, aber doch fühlbar. Die Leistungsfähigkeit wird geringer. Die geistige Frische und seelische Lebendigkeit sind unverändert. Wir sind miteinander sehr glücklich. Zu den Ferien waren wir dieses Mal im Wallis, nahe am Genfer See. Frau Waltz mit ihrem Auto hat uns die Landschaft gezeigt, vom Großen St. Bernhard bis Evian und dem Mont Pélerin.

Ende September findet ein Schelling-Kongreß in Ragaz statt. Ich arbeite an einem Vortrage.

Für Sie und Monsieur von meiner Frau und mir die herzlichsten Grüße

Ihr

Karl Jaspers

Wie Sie mir erlaubten, ein schneller Diktatbrief! – doch vielleicht besser als nichts.

---

* Gerhard Krüger, 1907–1972, deutscher Philosoph.

Hannah Arendt an Karl Jaspers

den 6. Oktober 1954

Lieber Verehrtester –

dieser Brief ist kein Brief; ich wollte immer erst Ihnen für das Bultmann-Buch danken und darauf ausführlicher eingehen, und irgendwie ist es nicht geworden, und so verschob ich es, Ihnen für Ihren lieben herrlichen Brief über das Zusammensein mit Blumenfeld zu danken. Und tue es jetzt und schreibe von Bultmann ein bißchen. Dazu kommt, daß ich so sehr anfange, mich nach Ihnen beiden zu sehnen, daß jeder Brief mich nur ärgerlich macht, daß ich nicht bei Ihnen sein kann und wir sprechen können.

Zur Frage der jüdischen Assimilation: Blumenfeld beruft sich, es scheint mit Recht, auf geschichtlich-gesellschaftliche Erfahrungen, die er an einer Gruppe von Menschen gemacht hat, aber nicht auf Individuen. Sie sagen: das jüdische Deutschtum, aber man sagte doch immer (mit Unrecht?) das deutsche Judentum. Blumenfeld als Zionist kann ja gar nicht anders als sagen: es gab nur ein deutsches Judentum, das einen Teil des über die Welt verstreuten jüdischen Volkes bildet. Historisch ist das richtig, nämlich aus dem Gesichtspunkt jüdischer Geschichte. Was die Assimilation betrifft: politisch-gesellschaftlich war die Situation untragbar und hätte sich auch so oder so gelöst – durch Verschwinden oder eben Zionismus. Aber gerade weil sie politisch-gesellschaftlich so kompliziert und eigentlich unmöglich war, hat sie individuell ganz außerordentliche Chancen geboten, menschlicher wie auch geistig-produktiver Art. In diesem Sinne war das deutsche Judentum wirklich eine große Sache. Die Geschichte, die Sie erzählen, ist ganz und gar bezaubernd; auch dies Mißverständnis von Seiten der Mittelmeervölker, die in der nordischen Zurückhaltung sofort Ablehnung wittern, weil sie sich so viel Zurückhaltung temperamentsmäßig gar nicht vorstellen können. Ihr kleiner napolitaner Freund hätte nicht anders reagiert.

Blumenfeld hat die Schlaganfälle nun seit 13 Jahren. Alle, die ihn kennen, sagen: er ist nur eine Ruine seiner selbst; ich dachte, Sie werden durch die »Ruine« schon durchsehen und ergänzen und danke Ihnen, daß Sie es taten. Natürlich ist er sehr »deutsch«. Er pflegte zu sagen: Ich bin Zionist von Goethes Gnaden. – Jenny – wie wohl Ihre Frau noch klarer gesehen hat als Sie – »ich ließ sie in

Ruhe« ist großartig! – ist ein ganz anderer Fall und kein unbedingt erfreulicher.

Amerika: Hier ist es seit ein paar Monaten sehr viel besser, es sieht so aus, als ob McCarthy fertig ist. Was sich hier abgespielt hat und wie viel höchst kostbares Porzellan dabei zertöppert worden ist, wird wohl einmal die Geschichtsschreibung beschäftigen. Aber was der »prominente Jude« an Blumenfeld schrieb, stimmt ganz und gar nicht: das Charakteristische dieses Spektakels war, daß es ohne jede antisemitische Pointe vor sich ging. Was ich im Auge habe, sind totalitäre Entwicklungen aus dem Schoße der Gesellschaft, der Massengesellschaft selbst, ohne »Bewegung« und ohne feste Ideologie.

Das Schlimme mit den Juden vor allem heute ist, daß sie fest überzeugt sind, daß Unheil immer in antisemitischem Gewande auftreten muß. Darin sind sich Blumenfeld und mein kleiner Zeitungsjude an der Ecke ganz einig. Wenn ich ihm sage, daß McCarthy bewiesen habe, daß er kein Antisemit sei oder daß es noch nie so wenig Antisemitismus in den Vereinigten Staaten gegeben habe, schließt er daraus, daß ich eben für McCarthy bin.

Vielen Dank für die Zeitschrift. Das Photo ist ausgezeichnet, eines der besten, die ich von Ihnen kenne. –

Leni Wieruszowski erzählte auch ein bißchen, was mir eben doch nur das Herz schwer macht. Es ist schwierig, mit ihr umzugehen, aber auch ganz unmöglich, sie fallen zu lassen. Wie gut von Ihnen, daß Sie sich immer sehen lassen, es bedeutet ihr sehr viel.

Von Blumenfeld kam natürlich auch bereits ein Brief, ganz begeistert und glücklich. Er meint, er habe Ihr Haus als »ein besserer Mensch verlassen«, und man könne mit Ihnen »besser über die Assimilation der Juden reden als mit ...«, folgen Namen, die [ich] diskret verschweige, aber so ziemlich sämtliche Professoren der Jerusalemer Universität einschließen. – Was er mit meiner »Dummheit« meint, weiß ich nicht so recht, aber es wird schon stimmen; er hat einen guten Instinkt für Menschen. Da kann man auch nichts machen als geduldig abwarten, bis man die Dummheit halt macht. Dummheiten überlebt man. Also, sorgen Sie sich nicht – und haben Sie Dank, daß Sie sich sorgen.

Wir sind erst Anfang September nach New York zurückgekommen und Heinrich * ist bereits wieder in Bard, kommt jeden Donnerstag am frühen oder späteren Nachmittag und fährt Montag raus. Es geht ganz gut. Ich war in Chicago zu der Political Science Association Tagung und lebe jetzt sehr ruhig, mache die deutsche Ausgabe des Buches fertig, was eine viehische Arbeit ist, und halte nur ein paar Vorträge, Harvard und Oberlin College und so Kleinigkeiten.

Ich wollte auch noch über Ihren Artikel in »Foreign Affairs« schreiben und über den in »Confluence«. Aber eigentlich nur sagen, daß ich ganz zustimme und daß ich vor allem den in »Foreign Affairs« mit großer Freude gelesen habe.

Mit dem »Bultmann« ist es ein wenig anders. In einigen Punkten bin ich nicht einverstanden. Aber Sie haben in der zweiten Zuschrift alles Persönliche wieder sehr schön zurechtgeschoben. Überhaupt gefällt mir der zweite Artikel fast besser als der erste.

Ich schreibe bald und verzeihen Sie diesen verschwatzten Brief.

Bleiben Sie beide gesund und seien Sie wie immer von Herzen gegrüßt

von Ihrer

Hannah

---

* Heinrich Blücher, Ehemann von H. A.

Martin Greiffenhagen
Das evangelische Pfarrhaus

Die Geschichte des deutschen Pfarrhauses ist auf weite Strecken hin die Geschichte der deutschen Intelligenz, und diese ist wiederum die Geschichte des deutschen Bürgertums, eine Geschichte politischer Ohnmacht und sozialer Frustration. Für die deutsche Politikgeschichte hat das evangelische Pfarrhaus seine beiden Rollen, die des Urbildes und des Vorbildes, gespielt. Es war das Urbild bürgerlicher Apathie und lieferte eine vorbildliche Rechtfertigungsideologie für diesen biedermeierlichen Rückzug aus der Politik. Konfliktfreiheit war die politische Losung, für die das christliche Friedensgebot die theologische Begründung lieferte.

Seine gesellschaftliche Stellung verband den Pfarrer mit dem Staatsbeamten, der auch keinem bürgerlichen Beruf nachging. Wie der Beamte bekam er ein Gehalt und war dem kommerziellen Leben weit entrückt. Die Orientierung des evangelischen Pfarrhauses am Beamtentum, auch an der Dienstauffassung der Armee hat die politische Verspätung des deutschen Bürgertums begünstigt und seinem Selbsthaß Nahrung gegeben.

Es gab noch einen Stand, mit dem das evangelische Pfarrhaus auf gutem Fuß stand, den Adel. Die Ethik der Fürsorge und des Dienstes verband das Pfarrhaus mit dem Gutshaus, beide waren Zentren sozialer Dienste. Was beide, Gutshaus und Pfarrhaus, weiterhin verband, war eine Auffassung von ›Dienst‹, die besonders in den preußischen Teilen Deutschlands zu einer eigenständigen Kultur führte. Der preußische Adel war nicht reich, vielfach nicht einmal wohlhabend. Sparsamkeit, Fleiß, Sinn für karge Lebensführung verbanden sich leicht mit einer Auffassung von Frömmigkeit und christlicher Lebensführung, für die Aufklärung und Pietismus die geistigen und institutionellen Formen fanden.

Der deutsche Protestantismus hat sich, von wenigen Ausnahmen abgesehen, bei dem beginnenden Klassenkampf auf die Seite der feudalen Aristokratie und des obrigkeitlichen Staates gestellt. Hatte man sich früher zusammen mit dem adligen Patron gegenüber den Armen nach den Geboten christlicher Barmherzigkeit verhalten, so war man jetzt wie der Adel dem Proletariat gegenüber ratlos. Das christliche Harmoniegebot ließ sich sozial nicht mehr verwirklichen. Um so mehr hielt man sich an die überlieferten Vorstellungen eines intakten Familienlebens, an die heile Welt der Bildungsgüter, an die Natur und alle jene Innerlichkeiten, für die das evangelische Pfarrhaus sprichwörtlich ist. Auf diese Weise verlor der Protestantismus die Arbeiterschaft, bevor er sie gefunden hatte. Und die christliche Gemeinde verengte sich weiter zu einer bürgerlichen Fluchtburg, die ihre Güter, die Bildungsgüter ebenso wie die nationalen Güter, als christliche verteidigte. Wer sie angriff oder in Frage stellte, galt als gottloser Friedensstörer, als Antichrist.

Die doppelte Autorität des Pfarrers und Hausvaters sorgte dafür, daß das evangelische Pfarrhaus von Anbeginn ein Haus männlichen Geistes war. Der traditionelle Patriarchalismus in Deutschland wurde durch eine Theologie verstärkt, die keine Maria als Himmelskönigin kannte und dem Alten Testament einen ihm theologiegeschichtlich zustehenden Einfluß wieder einräumte. Biographien von Pfarrerskindern stimmen darin überein, daß der Vater und die Söhne den Ton angaben, bis in die Wahl der Gesellschaftsspiele am Abend hinein. Das evangelische Pfarrhaus hat mit dieser Betonung männlichen Geistes über die protestantische Kultur in Deutschland auch die politische stark beeinflußt. Was man dem deutschen Protestantismus, besonders in seiner preußischen Form, an Härte, Kompromißlosigkeit und Aggressivität nachsagt, das findet seinen Quell nicht zuletzt im protestantischen Pfarrhaus.

Stichwort dieser protestantisch-preußischen Kultur war das Wort Gehorsam. Gestalten wie Jochen Klepper und Gottfried Benn zeigen auf ganz unterschiedliche Weise die Wirksamkeit dieser protestantisch-preußischen Tradition. Klepper meinte, durch seinen Glauben zu einem leidenden Gehorsam verpflichtet zu sein. Benn versuchte, seinen Atheismus mit Hilfe einer ›Tapferkeit‹ durchzustehen, deren Quellen sowohl im Protestantismus als auch in Preußen lagen. Zum Widerstand oder gar zur Revolution taugte solche Tapferkeit allerdings nicht. Von politischer Aktivität hielt man sich fern, und wenn Frustration drohte, flüchtete man in eine jener Innerlichkeiten, für die das evangelische Pfarrhaus ein reiches Reservoir bot. Diese Politikferne hat sich bitter gerächt, und die evangelischen Kirchen haben inzwischen daraus Konsequenzen gezogen. Heute ist das evangelische Pfarrhaus nicht mehr unpolitisch, eher im Gegenteil: Viele Pfarrhäuser wissen sich an der Spitze politischer Reformbestrebungen und bieten auch sehr kämpferischen Versöhnungs- und Friedensbewegungen in ihrem Hause Raum.

Es sieht so aus, als ob das evangelische Pfarrhaus heute in eine neue Phase seiner Geschichte einträte. Dabei mischt sich Funktionsverlust mit einem neuen Verständnis christlicher Praxis. Die Pfarrfrau hat heutzutage meist einen eigenen Beruf. Sie ist Lehrerin, Ärztin, Sozialarbeiterin. Damit entfällt aus rein zeitlichen Gründen ein weiter Bereich ihres früheren ›Berufes‹. Aber davon abgesehen wollen sich viele Pfarrfrauen nicht mehr durch den Beruf ihres Mannes definieren, sondern eine eigene Identität aufbauen. Dieser Wunsch schließt auch die geistliche Existenz ein. Gebet, Kirchgang, Bibellesung und häusliche Andachten verlieren auf diese Weise ihre Selbstverständlichkeit, werden zu religiösen Aktivitäten, welche die Ehefrau und die Kinder jeweils selber verantworten. Das nimmt dem Pfarrer als Vater und Ehemann viel historische Last, kostet ihn aber auch Autorität in der Familie und in der Gemeinde. Er steht nun stärker für sich, kann die Familie nicht mehr in seinen Beruf einspannen. Andererseits steht er der Gemeinde gegenüber nicht mehr mit seiner ganzen Familie ›im Wort‹ und muß nicht fürchten, daß mangelnder Kirchgang seiner Kinder ihm als eigene Glaubensschwäche oder den Pfarreltern als Mangel an christlicher Erziehung angerechnet wird.

Immer schon befand sich der Protestantismus an der Spitze von gesellschaftlichen Entwicklungen und Veränderungen: sowohl als Trendmacher als auch in seismographisch feinen Reaktionen auf den Zeitgeist. Das zeigt sich heute wieder. Nicht nur Studentenpfarrhäuser, sondern auch Gemeindepfarrhäuser sind häufig der Ort, wo Fragen unserer Zeit in großer Offenheit und manchmal Radikalität erörtert werden. Diese kritische Befragung unserer Zustände macht auch vor den Errungenschaften der Reformation nicht halt. Wie steht es mit der Volkskirche, dem Pfarramt, der Militärseelsorge, der politischen Predigt, der Verbindung mit linksradikalen Gedanken und Gruppen? Da regt sich aufs neue reformatorischer Geist, in seiner Doppelung von Vergeistlichung der Welt und Verweltlichung der Heilsbotschaft. Das kritische Salz evangelischen Protestes nagt an alten Institutionen. Ein Beispiel:

Der »Pfarrfrauendienst in der Evangelischen Kirche in Deutschland« hat 1982 ein Papier zum Thema »Pfarrersehe – heute« verabschiedet, in dem sich folgende Sätze finden: »Wenn wir die Geschichte der Ehe betrachten, stellen wir fest, daß das Netz oft mißbraucht worden ist und immer noch mißbraucht wird. Es dient dann nicht dazu, lebenslang aufzufangen, sondern lebenslänglich gefangenzuhalten ... Wir leiden darunter, daß wir überfordert sind mit Ansprüchen, nach denen unser Haus ein besonderer Ort sein soll, in dem es nur Harmonie geben darf. Wir leiden darunter, daß wir uns gezwungen fühlen, Harmonie vorzuspielen, wo wir Konflikte untereinander und Probleme mit den Kindern benennen und bewältigen wollen ... Wir leiden darunter, daß wir oft nur als Inventar des Pfarrhauses behandelt werden, dann, wenn ein Pfarrer ... in der Ordination versprechen muß, er und sein ganzes Haus werden ein gottgefälliges Leben führen ...«

Protestantische Rebellion, es gibt sie heute wieder als Jugendprotest, als Autoritätskritik, als Zweifel an Tradition und Übereinkunft, als ›Wertewandel‹, als ›Neue Politik‹. Es gibt sie auch als Kritik an Religion, oder andersherum: als Öffnung gegenüber anderen religiösen Erfahrungen, zum Beispiel asiatischer Meditation. Häufig werden dabei Grenzen gestreift, die auch ein evangelisches Verständnis von Christentum kaum überschreiten kann. Jedenfalls wird über den Verlauf solcher Grenzen gestritten.

Das Gedicht »Pfarrhaus« von Reiner Kunze zeigt die dogmatisch manchmal schwer unterzubringende Offenheit reformatorischer Gesinnung und liefert vielleicht eine Perspektive für das zukünftige evangelische Pfarrhaus:

> Wer da bedrängt ist findet
> mauern, ein dach und
> muß nicht beten.

Norbert Greinacher
Rom und die Politik

Was ergeben sich aus den bisherigen Ausführungen für Konsequenzen für das Verhältnis von Kirche und Politik heute?

Zunächst muß sich die Kirche – alle ihre Mitglieder und Amtsträger – mehr als bisher bewußt werden, daß es überhaupt nicht möglich ist, daß die Kirche sich im Wartesaal der Geschichte aufhält. Die Kirche war überhaupt noch nie in ihrer Geschichte unpolitisch. Sie hat immer eine weitreichende politische Relevanz gehabt. Und auch der heutige Papst und die universale Kirchenleitung, aber auch die regionalen Kirchen haben eine große politische Bedeutung: in Polen, in Italien, in der Bundesrepublik Deutschland, in Nicaragua und anderswo.

Darüber hinaus – darauf hat die »neue politische Theologie« mit Recht hingewiesen – können die zentralen Traditionen des Alten und Neuen Testamentes nicht glaubwürdig bezeugt werden, wenn sich die einzelnen Christinnen und Christen und die Kirchen nicht politisch engagieren. Die konkrete Verwirklichung des Gebotes der christlichen Nächstenliebe, vor allem zugunsten der Armen, erfordert heute notwendigerweise ein politisches Engagement. Mit aller wünschenswerten Deutlichkeit hat dies der neue Ratsvorsitzende der Evangelischen Kirche in Deutschland erkannt. Er bejaht ausdrücklich das politische Engagement der Kirche und hält einen Rückzug aus diesem Engagement für unmöglich: »Das würde bedeuten, daß sich die Kirche aus der Welt auf eine eigene Insel zurückzieht. Das kann sie nicht.« Die Kirche könne sich nicht drücken, wenn es um die gemeinsame Zukunft geht.

Was die inhaltliche Seite dieses politischen Engagements angeht, wird die Kirche immer den Primat des Menschen vor allen anderen Wirklichkeiten zu vertreten haben, und sie hat dies auch – zumindest in der Theorie – in den letzten Jahren in aller wünschenswerten Ausdrücklichkeit getan. Es sei nur beispielsweise erinnert an die zentrale Aussage der Enzyklika »Laborem exercens« (1981): »Angesichts der gegenwärtigen Wirklichkeit, in deren Struktur so viele vom Menschen verursachte Konflikte zutiefst eingefügt sind und in der die technischen Mittel – eine Frucht der menschlichen Arbeit – eine erstrangige Rolle spielen (man denke hier auch an die Möglichkeit einer weltweiten Katastrophe in Gestalt eines Atomkrieges mit seinen fast unvorstellbaren Zerstörungskräften), gilt es vor allem ein Prinzip in Erinnerung zu rufen, das die Kirche immer gelehrt hat: das Prinzip des Vorranges der Arbeit vor dem Kapital« (III,12,1).

Nimmt man diese Aussage ernst, so verbietet es sich, wie das jüngst ein führender Politiker in der Bundesrepublik Deutschland getan hat, die Interessen der Menschen gleichzustellen mit den Interessen der Wirtschaft.

Hinzu kommt ein entscheidendes Element, das man in einem gewissen Sinne als »spezifisch christlich« bezeichnen könnte (ich benutze bewußt diesen Begriff, obwohl er mißverständlich ist!): die vorrangige Option für die Armen, wie sie vor allem von der Dritten Generalversammlung des lateinamerikanischen Episkopates in Puebla (1979) mit so tiefem Ernst und theologisch überzeugenden Argumenten gefordert wird.

Eine solche prophetisch-kritische politische Theologie wird die noch ausstehende Vollendung der Gottesherrschaft aber immer sehr ernst nehmen, und sie wird daher nie eine Theologie dieses oder jenes politischen Systems, auch nicht dieser oder jener politisch verwirklichten Revolution sein können, weil sie sich einerseits ihrer eigenen theologischen Bedingtheit und der Begrenztheit jedes politischen Tuns bewußt bleiben wird und weil sie andererseits weiß, daß Gottes vollendende Tat am Ende der Geschichte immer größer sein wird als jegliches menschliche Denken und Handeln.

In diesem Zusammenhang muß mit Nachdruck hingewiesen werden auf die grundlegenden Unterschiede zwischen der politischen Theologie als Legitimation eines politischen Systems und der kritisch prophetischen Theologie, auf den Unterschied auch zwischen den sich aus ihnen ergebenden Praktiken eines traditionellen Klerikalismus oder Integralismus und einer Praxis der Befreiung, wie sie zum Beispiel durch die Theologie der Befreiung begründet wird.

Dort wird eine ungerechte politische und ökonomische Situation religiös legitimiert. Hier wird sie im Hinblick auf die noch ausstehende Vollendung in Frage gestellt. Dort wird mit dem Anspruch der Unfehlbarkeit aufgetreten. Hier wird mit Argumenten begründet. Dort wird hingewiesen auf eine präetablierte göttliche Ordnung in der Welt, die es zu verteidigen gilt. Hier wird auf den geschichtlichen Prozeß hingewiesen und mit sozialwissenschaftlichen Analysen gearbeitet. Dort sind Kleriker agierende Subjekte der Theologie. Hier entsteht die Theologie aufgrund des Denkens und Handelns, des Betens und Meditierens von christlichen Frauen und Männern. Dort wird von einer Wesensschau aus deduziert. Hier bemüht man sich um eine dauernde Vermittlung von theologischer Theorie und gesellschaftlicher religiöser Praxis.

Mißt man anschließend an diesen Kriterien die Politik der heutigen universalen Kirchenleitung, so wird man um das Urteil nicht herumkommen, daß diese Kirchenleitung sich theoretisch und faktisch immer wieder politisch äußert und auch politisch engagiert, zum Beispiel in Polen und darüber hinaus dann, wenn es Mißstände in den sogenannten Ländern des real existierenden Sozialismus zu kritisieren gilt. Dies ist ihr gutes Recht, ja ihre Pflicht, wenn es nicht aus blindem Antikommunismus geschieht. Die universale Kirchenleitung ist zur Solidarität mit den Kräften bereit, die sich in den kommunistischen Ländern, vor allem in Polen, für Freiheitsrechte und Menschenwürde einsetzen. Wie der Konflikt um die Theologie der Befreiung aber zeigt, reagiert dieselbe Kirchenleitung außerordentlich allergisch auf jene Versuche von Christinnen und Christen, sich auf der Grundlage einer Option für einen authentischen lateinamerikanischen Sozialismus – einen Sozialismus »mit menschlichem Antlitz« – für Freiheitsrechte und Menschenwürde zu engagieren. Darüber hinaus sind viele – nicht alle! – nationale Kirchenleitungen und kirchliche Amtsträger ideologisch und praktisch so mit dem kapitalistischen Wirtschaftssystem liiert, daß sie eine kritische Distanz oft vermissen lassen.

Angesichts dieser Sachlage ist eine Rückbesinnung auf die gesellschaftskritischen Traditionen des Alten und Neuen Testamentes unbedingt notwendig, damit die Kirche in Theorie und Praxis auf der Grundlage einer prophetisch-kritischen Theologie ihrer

Aufgabe gerecht wird, allen Menschen zu einem menschenwürdigen Leben zu verhelfen – vor allem aber den »Witwen und Waisen«.

Hans Maier
Obrigkeitsstaat

Und nun die entscheidende Frage, auf die unsere Überlegungen zu guter Letzt zulaufen müssen: die nach dem Bürger, seiner Freiheit, seinen Lebensmöglichkeiten in dem so beschaffenen Staat. Die Frage also, wie es sich in dem Gebäude wohnte, dessen Grundriß und innere Einrichtung wir zu skizzieren versuchten.

Die Frage versetzt uns zunächst in eine gewisse Verlegenheit. Denn derjenige, der zuerst befragt werden und Auskunft geben müßte, der sogenannte »kleine Mann«, der preußische Bauer, großenteils auch noch der Ackerbürger, also der überwiegende Teil der Bevölkerung, ist stumm. Der Bauer kann nicht schreiben, er kann keine Selbstzeugnisse ablegen, da er keine Schule besucht hat und auch keine braucht. Der Historiker muß sich sein Schicksal von denen erzählen lassen, die für ihn das Schreiben besorgten, Gutsherren, Landräten, Behörden; und er muß dabei gewärtig sein, daß diese Zeugnisse vom Interesse der herrschenden Schicht nicht unbeeinflußt sind.

Immerhin ist es aufschlußreich, wenn in den ersten Jahrzehnten des 18. Jahrhunderts, also vor Einführung des sogenannten Kantonreglements, die Flucht der Bauernsöhne vor den Werbern des Königs besonders im Westen Preußens solche Formen annahm, daß nach Berichten der Behörden das flache Land »depeuplirt« zu werden drohte, und wenn wir hören, daß sogar die Grundherrschaft bei der Flucht gelegentlich Hilfe leistete. Die Einrichtungen des Staates gegen Soldaten- und Bauerndesertionen verraten deutlich, wie stark der Drang nach Freiheit in diesen einfachen Menschen blieb, die unablässig gegen die doppelte Einspannung in die Gutsherrschaft und in das Militärsystem revoltierten. Otto Büsch, der nach Hans Rosenberg der Militarisierung des preußischen Soziallebens die eindringlichste Studie gewidmet hat, hat aus den gewiß unverdächtigen Acta Borussica und anderen Quellen zur preußischen Verwaltungsgeschichte zahlreiche Tatbestände erhoben, die den nur langsam abnehmenden Widerstand der Bevölkerung gegen diesen Druck des Staates zeigen. So mußte z. B. in Hinterpommern an jedem Ort ein Nachtwächter gehalten werden, um dadurch »die Desertiones der Soldaten sowohl als Bauern zu verhindern«; die Bauern waren verpflichtet, entlaufene Deserteure zu fangen; besonders die Bewohner der in der Nähe der Garnisonen gelegenen Dörfer mußten sich Tag und Nacht in der Wache ablösen. »Konnte das Dorf die 100 Taler Geldstrafe nicht zahlen, so wurden die zwei vornehmsten Bauern des Dorfes dazu verurteilt, zwei Monate lang auf der Festung Steine zu karren. Auf die ›Durchbringung‹ eines Deserteurs stand der Galgen oder doch Geld- und Leibesstrafe, wenn es sich um Eltern oder Verwandte handelte. Obendrein wurde selbstverständlich das Vermögen des Deserteurs eingezogen. Als Deserteur galt schließlich auch schon, wer als Zivilist ohne besondere Erlaubnis außer Landes ging, eine Einrichtung, die mitunter von den Regimenten mißbraucht wurde. Wenn aber ein Soldat floh und die Sturmglocke geläutet wurde zum Zeichen, daß wieder ein Fluchtversuch gewagt worden war, mußten die Bauern den Offizieren ihre Pferde zum Nachsetzen zur Verfügung stellen. Die schweren Ackergäule wurden dabei oft ruiniert. Und die Behörden scheinen Grund gehabt zu haben, immer wieder nachzufragen, ob den Bauern der Entzug der Pferde vergütet wurde, wie ein Edikt es befahl.«

Was die bäuerlichen Untertanen die Militarisierung fürchten ließ, war nicht nur der erhebliche, oft lebensgefährliche Eingriff in die bäuerliche Wirtschaft durch die starken Entnahmen von Arbeitskräften und Diensten, die noch dazu unregelmäßig erfolgten und daher jedes planmäßige Wirtschaften unmöglich machten. Es war vor allem die Aussicht auf ein lebenslängliches Verbleiben unter den Fahnen des Königs. Seitdem Friedrich Wilhelm I. die lebenslängliche militärische Dienstpflicht erklärt und angeordnet hatte, daß ihm »die junge Mannschaft nach ihrer natürlichen Geburt und des höchsten Gottes eigener Ordnung und Befehl mit Gut und Blut zu dienen schuldig und verpflichtet« sei, war der Werber zum gefürchtetsten Mann im Land geworden. Zwar hat später das Kantonreglement, die Verbindung von Urlaubssystem und frühzeitiger Eintragung in Stammrollen mit späterer Einziehung, die ärgste Willkür beseitigt; aber wenigstens drei Monate im Jahr – unter Friedrich dem Großen zwei Monate – war der Bauer zum Heer abgerufen, und wenn er als Urlauber zum Hof zurückkehrte, mußte er als äußeres Kennzeichen seiner Zugehörigkeit zum Militärsystem Montierungsrock, Hut oder Halsbinde und am Sonntag in der Kirche die volle Uniform tragen, wie der »enrollierte« Bauernbursch die rote Halsbinde oder den Püschel am Hut. Die Rückübertragung der militärischen Disziplin auf das Rittergut hat umgekehrt die disziplinären Methoden auf dem Land und allgemein die Beziehungen zwischen Herrschaft und Untertanen verschärft: Der blinde Gehorsam, zu dem das Heer, nach Friedrichs des Großen eigenem Zeugnis im »Politischen Testament«, die Soldaten erzog, fand Eingang in die Sphäre patriarchalischen Zusammenlebens von Gutsherrn und Bauern, so daß die alte Sozialordnung durch die Militarisierung, das Durch-Dringen der militärischen Befehlsstruktur, langsam, aber stetig umgestaltet wurde.

Das gilt auch für den Adel, den Partner und Gegenspieler des Bauern in der alten Sozialverfassung. Es wäre ein Irrtum, zu glauben, daß dessen Einbeziehung in das Herrschaftsgefüge des Obrigkeitsstaates eine geringere Revolution gewesen wäre oder auch nur sich reibungsloser vollzogen hätte als die Heranziehung des Bauern zum Militärdienst. Man darf ja nicht vergessen, daß die Verbindung der adeligen Vasallen zur Armee in älterer Zeit recht oberflächlich war – so »oberflächlich und teilweise so feindlich wie zum Staat selbst. Das Heer war Instrument des Herrschers, und ihm allein oblag die Sorge um seine Ergänzung und Erhaltung. Die Ritterfolge der adeligen Vasallen hatte sich durch die Errichtung der stehenden Armee seit dem Großen Kurfürsten überholt. Mit dem Offizierskorps dieser Armee fühlte sich der Adel nur insoweit verbunden, als er in ihm eine standesgemäße Unterkunft sah.« Ebensogut wie zum König ging man auch in die Fremde, um dort beim Heer zu dienen. Indem die preußischen Könige von Friedrich Wilhelm I. an den Adel systematisch in das Offizierskorps der Armee drängten und ihn zugleich durch Beschränkung der Verfügung über seine Güter an seinen Besitz fesselten, engten sie die soziale Bewegungsfreiheit des Standes erheblich ein, gar nicht zu reden vom Verlust der alten ständischen Privilegien der Mitregierung im Staat. Freilich hat die Garantierung der patrimonialen Rechte, die das Königtum dem Adel zum Ausgleich für den Verlust seiner politischen Rechte gewährte, einen gewissen Ausgleich geboten; der Leidtragende dieses Kompromisses war hier wiederum wie in vielen anderen Fällen der bäuerliche Untertan.

Fragen wir endlich nach dem Bürgertum der Städte und seiner Stellung in diesem Staat, so zeigt sich, daß der Spielraum, der für eine selbständige Entfaltung dieses Standes im alten Preußen zur Verfügung stand, zunächst noch recht klein bemessen war. Noch zu Ende des 18. Jahrhunderts war das Verhältnis von Land- und Stadtbevölkerung in Preußen wie 7 : 2, in der städtereichen Kurmark wie 2 : 1. Die Bedeutung, die die Militarisierung des preußischen Lebens auch für das Bürgertum hatte, wird etwa an der Tatsache deutlich, daß die Residenzstadt Berlin im Jahre 1755 auf eine Bevölkerung von 125000 Menschen eine Garnison von 20000 Mann besaß; 1806 sind es auf 172500 Einwohner 33250 Mann. Noch mehr als durch die Einbettung in ein bäuerlich-adelig strukturiertes Sozial- und Militärsystem ist aber die wirtschaftliche Aktivität des Bürgertums durch die nachdauernde Pflicht- und Dienstethik der Könige und ihr streng patriarchalisches Fühlen in Schranken gehalten worden. Schon das Scheitern der Kolonisationsprojekte des Großen Kurfürsten zeigt den Mangel einer dynamischen Wirtschaftsgesinnung, für die das gleichzeitige Holland so hervorragende Beispiele bot, und bei Friedrich Wilhelm I., dessen merkantilistischer Gründertätigkeit und »fast privatwirtschaftlichem Erwerbssinn« (St. Skalweit) die preußische Industrie entscheidende Antriebe verdankt, hat sein Biograph Carl Hinrichs in seiner Monographie über die preußische Wollindustrie einen eigentümlich fiskalistischen, »staatssozialistischen« Zug, einen »fast krankhaften Argwohn« gegenüber Kaufmannschaft und Unternehmertum nachweisen können. Wenn die preußische Wirtschaftspolitik später andere Wege einschlug und nach 1806 und 1815 die süddeutschen – politisch liberalen – Staaten an wirtschaftlicher Liberalität weit übertraf, so sind doch die alten Vorbehalte gegenüber der bürgerlichen Wirtschaftsgesinnung und Wirtschaftspraxis auch im 19. Jahrhundert erhalten geblieben. Spengler hat diese Zusammenhänge in seinem oft einseitigen Buch »Preußentum und Sozialismus« beschrieben, und die preußische

Sozialpolitik im 19. Jahrhundert – in ihren Initiativen den anderen Kontinentalstaaten weit vorauseilend – hat diesem Erbe des Obrigkeitsstaates eine positive Seite abgewinnen können. Noch in Bismarcks Sozialgesetzgebung lebt etwas von der Pflichtethik des Edelmanns, der seine Untertanen gegen die Übergriffe der Besitzenden schützen will; ihre Problematik liegt darin, daß sie für das Verlangen der Arbeiterschaft nach politischer Freiheit und Mitbestimmung keinen Sinn besaß.

Die Emanzipationsrichtung des Bürgertums gegenüber dem preußischen Obrigkeitsstaat ging denn auch nicht auf die Etablierung wirtschaftlicher Bewegungsfreiheit oder gar politischer Teilnahme am Staat wie in den westlichen Ländern; sie ging nach innen, in die Freiheit geistiger und religiöser, bei äußerer Beschränktheit oft weltweiter Autonomie. Hier lag die Möglichkeit – wie die deutsche Bewegung von Herder bis zu Weimar und zur Philosophie des Idealismus zeigt –, aus den verhärteten Begriffen der protestantischen Orthodoxie und den Institutionen des Landeskirchentums in eine freiere, wenngleich noch immer christliche Geistigkeit, in eine kosmopolitische Republik freier Forschung und Wissenschaft oder in ein Arkanum der Dichtung vorzustoßen. Seit Immanuel Kant, in dessen Leben das dürftige Dasein des zeitlebens an seine Vaterstadt gehefteten Gelehrten mit der weltbürgerlichen Existenz des »Philosophenkönigs« seltsam kontrastierte, ist dieser Weg nach innen zum immer wieder nachgeahmten Vorbild bürgerlicher Freiheit in den äußeren Bindungen des Obrigkeitsstaates geworden – bis hin zum »Inneren Reich« im Dritten Reich und bis zu der mit besonderem Anspruch der äußeren gegenübergestellten »Inneren Emigration«.

Auf die Problematik dieser Dinge sei hier nicht weiter eingegangen. Doch will ich auf ein Dokument der Zeit, in dem jener Widerspruch zwischen innen und außen, Politik und Geist in Deutschland sehr scharf gesehen ist, zum Schluß wenigstens noch hinweisen. Als Madame de Staël im Herbst 1803 das damals im Westen noch fast unbekannte Deutschland bereiste, um es ihren Landsleuten als neuentdeckte Welt zu schildern, nahm sie aus den bürgerlichen Salons und den niederen Stuben der deutschen Dichter und Gelehrten den Eindruck mit, daß die Deutschen »die größte Gedankenkühnheit mit dem untertänigsten Charakter vereinen«.

Das Übergewicht des Militärstandes und die Rangunterschiede – hier ist von Preußen die Rede – hätten ihnen die größte Untertänigkeit zur Gewohnheit gemacht. »Bei ihnen ist der Gehorsam aber keine Unterwürfigkeit, sondern genaue Beobachtung der Schicklichkeitsregeln. Sie sind in der Ausführung jedes erhaltenen Befehls so gewissenhaft, als ob jeder Befehl eine Pflicht wäre... Die Gebildeten Deutschlands machen einander mit größter Lebhaftigkeit das Gebiet der Theorien streitig und dulden in diesem Bereich keine Fessel, ziemlich gern aber überlassen sie dafür den irdischen Machthabern die ganze Wirklichkeit des Lebens. Diese Wirklichkeit, die sie so gering schätzen, findet jedoch Besitzer, die dann Störung und Zwang selbst im Reich der Phantasie verbreiten.«

Vielleicht ist es das Unglück des deutschen Bürgertums gewesen, daß es bis tief ins 19. Jahrhundert hinein überwiegend von einer guten, pflichtbewußten, väterlich besorgten und aller Tyrannei abgeneigten Obrigkeit regiert wurde. Die wirtschaftliche und geistige Freiheit, die zunehmende Rechtssicherheit, die man seit dem aufgeklärten Absolutismus und der konstitutionellen Bewegung genoß, machte gegen den Mangel an politischer Freiheit, will sagen: an Teilnahme und Mitverantwortung im Staat, gleichgültig. So sind die obrigkeitlichen Strukturen des Militär- und Beamtenstaates in der großen verfassungsgeschichtlichen Entwicklung des 19. Jahrhunderts: der Wendung zur konstitutionellen Monarchie, zum Nationalliberalismus der Bismarckzeit, endlich zur parlamentarischen Parteiregierung nach 1917 nicht getilgt, sondern – in je charakteristischer Abschwächung, Auslese, Neubelebung – beibehalten worden; sie gehören bis heute zu den Traditionsbelastungen unserer Demokratie, wie sie Ernst Fraenkel in größerem Zusammenhang am Beispiel des deutschen Parlamentarismus gezeigt hat.

Dieses Erbe darf heute wohl in seiner Wirkungskraft nicht mehr überbewertet, es sollte aber gleichwohl auch nicht unterschätzt und verharmlost werden. Der Obrigkeitsstaat war nicht Bismarck – er war Bismarcks unfreiwilliger Helfer. Der Obrigkeitsstaat war nicht Hitler – er war Hitlers unzulänglicher Gegenspieler. Die obrigkeitsstaatliche Tradition bedroht uns heute weniger in ihren aktiven Wirkungen – das »persönliche Regiment«, aber auch das

Dienstethos der Könige sind von der modernen Säkularisierung und Differenzierung der Lebensverhältnisse aufgezehrt worden –, sie bedroht uns durch ihre passive, dafür um so hartnäckigere Resistenz. Diesen Widerstand aufzulösen ist die schwierigste, freilich auch die wichtigste Aufgabe heutiger Politik.

Hubert Markl

Unsere Wissenschaft im internationalen Zusammenhang

Unser Stellenwert in der internationalen wissenschaftlichen Kooperation hängt vor allem von der *Qualität und Originalität* unseres wissenschaftlichen Beitrags ab. Was wir so gut wie andere können, mag uns selbst beeindrucken, die anderen beeindruckt es wahrscheinlich nicht, dazu brauchen sie uns jedenfalls nicht. Wollen wir also begehrte Partner sein – und wir müssen dies wollen, denn wir brauchen auch die Unterstützung anderer –, so müssen wir unsere besonderen Stärken in der Forschung pflegen. Wenn ich nicht irre, sind wir allzusehr geneigt, durch Nacharbeit – zugegeben, oft ein wenig solider – das aufzuholen, was anderenorts vorgemacht wurde. Nur zu oft sind wir Weltspitze der Zweitbesten. Diese Wir-auch-Mentalität, in der Nachkriegsphase nur zu verständlich und wohl auch berechtigt, muß in der Forschung von einer Einstellung abgelöst werden, die sich mehr daran orientiert, wo wir Lücken schließen können, die andere übersehen, als eigene Lücken dort zu schließen, wo anderenorts schon besonders kompetent gearbeitet wird. Auch die perfekteste zweite Geige gibt den Ton nicht an. Das alles gilt sicher nicht uneingeschränkt. Ein hochindustrialisiertes Land braucht Basiskompetenz in nahezu allen Disziplinen. Zugestanden, aber darum geht es hier nicht. Es geht darum, daß wir unsere besonderen Anstrengungen in der Forschungsförderung über die Erhaltung der Basiskompetenz hinaus, die uns nicht auszeichnet, dort bündeln, wo der Weizen sprießt, statt auch das letzte Ödlandfleckchen dürftig zu begrünen.

Wenn wir die internationale Verständigung in der Wissenschaft suchen, so sollten wir uns wenigstens bemühen, miteinander reden zu können. Das scheint nun wirklich eine Minimalutopie. Das bedeutet zweierlei: Jeder Schwund an Fremdsprachenkenntnissen bei *jungen* Wissenschaftlern ist von Übel, denn im Alter lernt man sprachlich sowieso nicht viel dazu. Wir sollten als Benutzer einer »Mittelsprache« wie andere Länder in gleicher Lage energische Anstrengungen unternehmen, damit jeder Student außer Englisch noch eine zweite wichtige Kultursprache wenigstens passiv erlernt und möglichst aktiv weiterpflegt, wenn's geht, nicht wieder ein jeder dieselbe! Durch Auslandsarbeitsaufenthalte kann dies sehr gefördert werden, Tourismus scheint hingegen für die Katz. Plant man die Auslandsaufenthalte richtig, so baut man damit Brücken, die ein Leben lang tragen. Ich bin allerdings der Ansicht, daß wir auf diesem Gebiet heute die »Angelsachsenschiene« allzu eingleisig befahren; auch andere Muttersprachen und Sprachmütter haben schöne Töchter! Zweitens empfiehlt sich dies aber auch deshalb, weil die beruflichen Aussichten zumal in Europa und auf einem drangvoll eng werdenden akademischen Arbeitsmarkt mit Sichcrheit für einen Juristen, Physiker, Ökonomen, Journalisten oder Biologen nur steigen können, wenn er oder sie außer der Muttersprache noch zwei weitere Sprachen beherrscht.

Die wichtigste Basis internationaler Wissenschaft sind aber nicht Reisen und auch nicht Studienaufenthalte und internationale Kongreßbesuche, sondern gemeinsame Forschungsvorhaben, bei denen Wissenschaftler verschiedener Nationen längere Zeit eng und intensiv zusammenarbeiten. Alles, was dem dient, ist gut und förderlich, wenn das Vorhaben vernünftig und die Mitwirkenden qualifiziert sind. Internationale Großforschungseinrichtungen und einige globale Forschungsunternehmen haben in den letzten Jahrzehnten die Richtigkeit dieser These mannigfach belegt. Fehlschläge waren zu erwarten und dürfen nicht grundsätzlich entmutigen. Wir wollten künftig auch in der nationalen Forschungsförderung den Blick offener nach außen richten. Möglichst ohne zwischenstaatliche Paragraphenwerke mit Frauenwochen oder Mannjahren, sondern in einfacher Anerkennung der Tatsache, daß man von München nach Köln auch nicht länger und beschwerlicher reist als von dort nach Nancy oder Groningen.

Das schwierigste Problem der internationalen Zusammenarbeit stellen sicher die meisten Länder der Dritten Welt dar. Viele drohen nicht nur wirtschaftlich und politisch, sondern auch wissenschaftlich immer weiter zurückzufallen, wenn es da überhaupt noch ein Abwärts gibt. Dies Problem ist so gewichtig, daß es mit einer Randbemerkung nicht abgetan werden darf. Ich nenne es daher hier nur als Merkposten. Ich kann auch nicht umhin, darüber nachzudenken, wieviel Gutes hervorragend ausgebildete, junge deutsche Wissenschaftler, die hier zur Arbeitslosigkeit verdammt scheinen, doch anderenorts bewirken könnten, wenn man die Mittel dazu von unserer Seite zur Verfügung stellte.

Diese kurze Betrachtung der internationalen Wissenschaftsbeziehungen der Bundesrepublik wäre allerdings zu unvollständig, wenn wir nicht auch darüber reflektieren wollten, was wir in der Organisation unserer Wissenschaft von anderen lernen können. Es kann kein Schaden und auch keine Schande sein, wenn ein Land, das einmal die Welt gelehrt hat, wie man hochleistungsfähige Hochschulen organisiert, nun, da bei uns so manches nicht so ist, wie man es wünschen möchte, seinerseits von dort lernt, wo Wissenschaft erkennbar besser blüht.

Das Beispiel jener Länder, die wissenschaftliche Forschung vor allem in Institutionen außerhalb der Universitäten konzentrieren und die Hochschulen damit mehr oder weniger zu ein wenig höheren Schulen mit den Klassen 14 bis 17 machen, ermutigt allerdings durchaus nicht zur Nachahmung. Mit deren wissenschaftlicher Produktivität kann die Bundesrepublik – Ausnahmen bestätigen die Regel – allemal mithalten. Wenn also einer meinen sollte – aus Unzufriedenheit über die Leistungen der Hochschulen –, die Wissenschaft dadurch zu retten, indem er sie an den Universitäten aufgibt und von dort vertreibt, der wird, *exempla docent*, den Schaden nur vergrößern können.

Die Länder mit den anerkannt produktivsten Wissenschaftssystemen fördern auf verschiedene Weise die Konkurrenz unter ihren Hochschulen nicht nur um Forschungsmittel und Professoren, sondern vor allem auch um Studenten. Sie lassen weiterhin zu und fördern – was etwas anderes ist, als es *par ordre du moufti* zu erlassen oder zu fordern! –, daß sich unter den Hochschulen durch diesen Wettbewerb einige als Institutionen mit besonders herausragendem wissenschaftlichem Potential entwickeln, bei denen sich durch freie Entscheidung aller Beteiligten erstklassig qualifizierte Lehrende und Lernende konzentrieren und die daher auch in der kompetitiven Anwerbung von Ressourcen für die Forschung besonders erfolgreich sein können – allerdings nur, solange sie wirklich besonders gut sind! In dieser Reihenfolge entstehen dann

Eliteeinrichtungen: Qualität muß Geld anziehen, nicht umgekehrt, denn Geld zieht leider nicht nur Qualität, sondern auch Fliegen an.

Ich bin der Überzeugung, daß unser Land die Lehre, die vor allem aus dem angelsächsischen Beispiel spricht, bisher nicht produktiv genug verarbeitet hat. Da gibt es viel hochmütig abwehrenden Stolz auf unsere gloriose Vergangenheit – als ob die Gegenwart dadurch viel schöner würde. Es gibt auch viel als Tradition getarnte Trägheit: da könnte ja jeder kommen; haben wir noch nie gemacht; wo kämen wir da hin; früher ging's ja auch ohne. Es gibt auch Abwehrängste, denn wer Priorität sagt, spricht natürlich auch von Posteriorität. Selbstverständlich sind auch Warnungen vor neuen Schneckentänzen der Reform nicht unberechtigt, vor blindem Nachäffen anderer Systeme in der verfehlten Hoffnung, ein Wissenschaftssystem ließe sich wie ein Fabrikgebäude einfach in Kopie nachbauen: als käme es nicht immer noch zuerst darauf an, wer darin was wie gut zu fabrizieren weiß.

Dennoch und all dies zugestanden: das darf nicht die Ausrede dafür sein, Strukturschwächen immer nur zu kontemplieren, statt sie anhand erfolgreicher Beispiele zu reparieren. Auch alle gelehrte Ironie über den Leistungsmessungsfimmel in den USA und die Unvollkommenheiten aller Rangordnungsversuche für Universitäten, Fachbereiche oder Fakultäten kann den nüchternen Betrachter nicht davon ablenken, daß dort Verfahren erprobt worden sind, die sich auch in der *scientific community* erstaunlich hoher Akzeptanz erfreuen und, was wichtiger ist, für Studenten wie Wissenschaftler gleichermaßen zu wichtigen Hilfen für Präferenzentscheidungen geworden sind, die dann im Weg der *self-fulfilling prophecy* tatsächlich dazu führen, daß sich – weil dort die Besten tätig sind – Stätten herausragender wissenschaftlicher Leistungskraft entfalten und erhalten, über die uns das Lächeln längst vergangen ist.

Denn der Auftrag und die Verantwortung der Wissenschaften vor den Herausforderungen, die sich ihnen stellen, sind zu groß, als daß wir nicht auch bei uns dafür Sorge tragen müßten, daß die Qualität der wissenschaftlichen Arbeit dem großen Mitteleinsatz für sie so gut, wie irgend möglich ist, entspricht.

Joseph Rovan
Die deutsche Spaltung

Das Einzigartige an der gegenwärtigen deutschen Spaltung liegt in der Verschiedenheit der gesellschaftlichen Systeme und ihrem ideologischen Überbau, den *wir* lieber ideologische *Fundierung* nennen würden. Selbst die religiöse Trennung des 16. Jahrhunderts hatte die Einheit der deutschen Nation, hatte das Gefühl des Zueinandergehörens nicht aufgehoben, wie sich in der Reichstreue vieler protestantischer Stände ausdrückte und in deren aktiven Teilnahme an den Kämpfen gegen die Türken und die Franzosen – mit einigen Ausnahmen; besonders Frankreich hatte es immer leicht, deutsche Verbündete zu gewinnen und zu honorieren. Im katholischen wie im protestantischen Deutschland blieben die großen Strukturen des gesellschaftlichen und wirtschaftlichen Systems unverändert. Auch der Ausschluß der deutschen Landteile der Habsburger-Monarchie aus dem Prozeß der deutschen Einigung berührte die tiefe Einheit der Nation kaum. Die Verbindungen blieben eng, Grenzkontrollen gab es vor 1914 so gut wie keine. Professoren und Studenten wechselten leicht von Innsbruck oder Graz oder Prag – die alte Universität war seit der Gegenreformation wieder deutsch – auf die Hochschulen »im Reich«. Auch nach dem Anschluß und seiner Annullierung 1945, nach vierzigjähriger Wiederherstellung der eigenen Staatlichkeit bleibt Österreich ein deutsches Land, und nur Fanatiker oder Opportunisten können von einer österreichischen Nation sprechen. Hingegen gibt es in Österreich heute ohne Zweifel ein spezifisches Gefühl und Bewußtsein (beides bei jedem Österreicher in personspezifischer Mischung) davon, daß man zusammen zu einer eigenen und eigenartigen Wesenheit, zu einer staatlichen Gemeinschaft gehört. Das war in der Ersten Österreichischen Republik ganz anders, die der großen Mehrheit ihrer Bürger als eine ungewollte Notlösung erschien. Anders war es auch vor 1918 in der Monarchie bestellt, wo die Staats- und Kaiserloyalität natürlich ganz andere Mitklänge besaß, je nachdem ob sie von Deutschen oder von Menschen anderer, weniger privilegierter Nationalität getragen wurde, und bei den Deutschen gab es eine wachsende Minderheit, die von diesem Staat nichts wissen und sich einem großdeutschen Nationalstaat einverleiben wollte. Die diesbezüglichen Entwicklungsphasen sind sehr kurz gewesen, die Doppelmonarchie hatte 51 Jahre lang Bestand, die Erste Republik fünfzehn, der christliche Ständestaat fünf, die Zugehörigkeit zu Hitlers Großdeutschem Reich sieben Jahre, die Zweite Republik bisher vierzig Jahre. Keiner der beschriebenen Gefühls- und Bewußtseinszustände, auch der gegenwärtige, konnte und sollte deshalb mit dem Prädikat eines auch nur provisorischen Definitivums versehen werden. Ein ganzer Teil der heute noch lebenden Österreicher war mit der Zugehörigkeit zum Großdeutschen Reich sehr zufrieden oder hätte sich damit abgefunden, wenn das Reich Hitlers nicht zusammengebrochen wäre. Die sich seit 1866 vollziehende Abtrennung der Deutschen in Österreich von der deutschen Nation ist, soweit und wann sie wirksam wurde, eine politische gewesen; die kulturelle Zusammengehörigkeit, die kulturelle Einheit und Gemeinsamkeit haben nie aufgehört zu bestehen; Schriftsteller, Wissenschaftler, Schauspieler, Musiker wechseln von Posten und Aktivitäten in einem der deutschen Staaten mit Selbstverständlichkeit an solche in dem anderen. Dies gilt natürlich ebenfalls für die deutschsprechende Schweiz, über die ähnliche Überlegungen anzustellen wären, im Rahmen einer viel älteren Spezifität. Vor allem ist auch das Sozial- und Wirtschaftssystem in Österreich und in der Bundesrepublik dasselbe, so wie dies zwischen 1866 und 1933 in Österreich und im Deutschen Reich der Fall war. Die doppelte Folgerung, die aus dem Beispiel Österreich für die deutsche Frage zu sehen ist, lautet daher:

1. Die Entwicklung des Nationalgefühls und des Nationalbewußtseins durchläuft mehr oder minder schnell wechselnde Phasen, es handelt sich um wenig stabile Zustände, die von einer ganzen Reihe äußerer Verhältnisse abhängig sind, welche sich ebenfalls häufig ändern.
2. Das wesentliche an der sich seit 1945 vollziehenden Spaltung, seit 1945 von der Sowjetmacht der deutschen Nation aufgezwungen, ist nicht die Einrichtung eines separaten Staates, sondern die mit Gewalt durchgeführte Herstellung einer anderen

kulturellen, gesellschaftlichen und wirtschaftlichen Wirklichkeit in dem kommunistischen Staat auf deutschem Boden.

Hier liegt das eigentlich Neue, Unvergleichliche, auf dessen Grundlage die Frage nach der weiterbestehenden oder unterbrochenen Einheit der Nation erst gestellt werden kann. Auch Österreich ist 1918, wenn nicht durch fremdes Diktat überhaupt erst in seiner Eigenstaatlichkeit entstanden, so doch durch ein solches an der Selbstaufgabe gehindert worden, aber dieses fremde Machtwort hat die tiefe Gleichheit der Gesellschaften, hat die gemeinsame kulturelle Identität nicht zerstört. Das Veto der Alliierten von 1918 gegen den Anschluß gehörte noch in die Epoche, in der die sich befehdenden europäischen Großmächte, mit Ausnahme von Österreich, zwar Nationalstaaten waren oder, zumindest wie Rußland, Staaten, in denen eine Nation quasi absolute Vorherrschaft ausübte. Dennoch waren die Zugehörigkeit zu einer gemeinsamen Gesellschafts- und Wirtschaftsordnung und die geistige Gemeinsamkeit, rückblickend gesehen, damals weit bedeutsamer als die Unterschiede, so groß diese auch zum Beispiel zwischen der parlamentarischen Republik Frankreichs und der autokratischen Monarchie Rußlands sein konnten. Im Vergleich zu dem, was heute die kommunistischen Länder von den anderen europäischen Staaten und Völkern trennt, erscheinen diese Unterschiede fast nebensächlich. Um dieses Verhältnis geistig in den Griff zu bekommen, kann man es vielleicht an den Abgründen messen, die im 15., 16. und 17. Jahrhundert das christliche Europa vom islamischen Reich der Türken trennten oder noch früher die »Franken« der Kreuzzüge von der ihnen weit überlegenen arabisch-türkischen Zivilisation des Vorderen Orients. Selbst unter diesen Antagonisten gab es damals doch noch manche Entsprechung, wahrscheinlich stärkere als heute zwischen den Systemen der Demokratie und des kommunistischen Totalitarismus.

Die große Mehrheit der Deutschen in den seit 1945/1949 getrennten Zonen und Staaten will die Trennung nicht hinnehmen und sieht doch keine ernsthaften, echten, erfolgversprechenden Mittel, um sie zu beenden. Die Politik, die man mit dem Namen Adenauer benennen kann, beruhte auf zwei Vorstellungen:

1. daß das Übergreifen der Sowjetherrschaft und die Ablösung

der Demokratie durch den Kommunismus in den Westzonen nur durch die unlösbare Zugehörigkeit dieser Gebiete zur freien Welt, durch ihre Verankerung in dem von Amerika geführten Bündnis verhindert werden konnten, daß aber durch die so erreichte Sicherheit der westliche Teil Deutschlands politische und materielle Fortschritte von extremem Ausmaß machen würde, womit die Stabilität der kommunistischen Gewaltherrschaft im östlichen Teil immer aufs neue in Frage gestellt würde;

2. daß die Stärke und Anziehungskraft der westlichen Demokratien die Sowjets auf die Dauer zwingen würden, ihren Griff um Ostdeutschland und Osteuropa zu lockern, ja diesen Völkern oder Volksteilen das ihnen vorenthaltene Recht auf freie innere und äußere Selbstbestimmung zurückzugeben.

Die erste dieser Vorstellungen hat sich verwirklicht, die zweite (noch?) nicht.

Die Anfang der sechziger Jahre sich anbahnende Periode der sogenannten Entspannungspolitik hatte andere Voraussetzungen: Sie beruhte, zumindest in den Demokratien, auf der Vorstellung, daß die beiden Großmächte und ihre Verbündeten die bestehenden Verhältnisse anerkennen und keine Veränderungen hervorrufen oder unterstützen würden, die den so festgestellten Status verletzen könnten. Damit war jener zweite Akt des zwischen 1945 und 1960 im Westen formulierten welthistorischen Schauspiels auf unbestimmte, wahrscheinlich weit entfernt liegende Zeiten verschoben. Die Deutschen, die die Einheit der Nation wiederherstellen wollten, befanden sich nun in der Lage der ersten Christen, die das Wiedererscheinen des Herrn für die allernächste Zeit erwartet hatten und sich allmählich mit der Vorstellung abfinden mußten, daß die Zeit bis zum Ende der Zeiten sehr, sehr lange dauern könnte. Da die Einheit der deutschen Nation aber eine innergeschichtliche Frage ist, waren, je länger die Wartezeit dauerte, um so mehr Deutsche bemüht, einen Weg zu finden, der es möglich machen würde, die Einheit der Nation trotz der bestehenden Trennung der Staaten und gegen die Verschiedenheit der politischen, gesellschaftlichen und kulturellen Systeme zu bewahren. Wie einst Adenauer und Dulles gehofft hatten, daß die Stärke der freien Welt die Sowjets zum Zurückweichen zwingen würde, so glaubten nun die Entspannungspolitiker, daß die Einheit der

Nation und eine schrittweise Verbesserung der Lage der Menschen im östlichen Teil Deutschlands durch Entspannung und Annäherung erreicht werden könnten, im »Wandel durch Annäherung«. Obwohl die Demokratien feststellen mußten, daß die Sowjets die Entspannung einseitig angewandt und ausgenutzt hatten, in dem Sinne, daß, was kommunistisch war, kommunistisch zu bleiben hatte, daß aber, was nicht kommunistisch war, durchaus kommunistisch werden könnte, hat sich gerade im demokratischen, freien Deutschland, in der Bundesrepublik – aber auch in allen anderen freien Ländern in verschiedenem Ausmaß – das Vertrauen in die Entspannungspolitik nicht nur erhalten, sondern weiterentwikkelt. Diese Haltung hat zur Voraussetzung, daß die Sowjetunion, daß heißt die dort herrschende Klasse, zu einem durch »Annäherung« zu erzielenden »Wandel« bereit oder auch nur fähig sei, ohne dafür einen Preis zu fordern, der zur schrittweisen Selbstaufgabe der deutschen Demokratie, des inneren und äußeren Selbstbestimmungsrechts der einzelnen Bürger der Bundesrepublik ebenso wie des größeren Teils der Nation in seiner Gesamtheit führen muß – und es damit auch unmöglich macht, für den unfreien, kleineren Teil einzutreten. Selbst konservative und »atlantische« Politiker sprechen gerne vom Nutzen enger Beziehungen und Kontakte zu der Führung der Sowjetunion und zu den dieser nachgestellten Führungen der osteuropäischen Satelliten.

Damit steht die Politik der Bundesrepublik Deutschland in einer Widersprüchlichkeit, die analog oder symmetrisch erscheint zu der oben dargestellten Widersprüchlichkeit der Politik des französischen Nationalstaats. Die Franzosen können sich von dem Nationalstaat nicht trennen, obgleich er die Zwecke, für die er geschaffen wurde, nicht mehr erfüllen kann; die Deutschen wollen die Einheit der Nation um einen Preis, für den sie nicht zu haben ist. Beide Völker und ihre politische Klasse müssen vor diesem Widerspruch in die Unwirklichkeit ausweichen: die Franzosen, indem sie sich vormachen, die Welt von heute sei so, daß sie in ihr die *indépendance nationale* bewahren könnten; die Deutschen, indem sie sich vormachen, die Sowjetunion sei dergestalt, daß sie sich für freundliches Entgegenkommen und Wohlverhalten dankbar erweise, daß sie also den Untertanen des SED-Regimes Verbesserungen ihrer Lage zugestehen könne, die der Natur des Regimes, den Interessen der das Regime besetzenden Klasse und der Sicherheit des gesamten kommunistischen Blocks widersprechen. Die nationale Unabhängigkeitspolitik des französischen Nationalstaats ebenso wie die politische Bemühung der Bundesrepublik zur Bewahrung der Einheit der deutschen Nation durch Entspannung und Annäherung sind Politik à la Palmström: Die Welt und die Sowjetunion *müssen* so sein, wie wir wünschen, daß sie sein sollen. In beiden Ländern bleibt die Nation ein Wertkomplex, dem viele, ja alle anderen Werte nachzuordnen man bereit ist; und wenn man hierzu (noch) nicht bereit ist, so versucht man zumindest, die Widersprüche zwischen den nationalen und den anderen Werten zu leugnen oder sie zu verkleinern. Nur Minderheiten sind heute erstens davon überzeugt, daß die Nation nur ein Rahmen ist, ein Instrument zur Verwirklichung allgemeiner humaner Werte, und zweitens davon, daß die legitimen politischen Ziele der deutschen wie der französischen Nation heute allein durch die Aufhebung der Nationalstaaten in einen europäischen Bundesstaat zu verwirklichen sind.

Ansgar Skriver
Der Krieg als Bevölkerungsregler

In den Vereinigten Staaten von Amerika geht Sorge über die abnehmende Bevölkerungszahl um; denn derzeit haben amerikanische Frauen im gebärfähigen Alter durchschnittlich 1,9 Kinder. Das schiere »Nullwachstum« erfordert jedoch statistisch mindestens 2,1 Kinder pro Elternpaar. Der Demograph Carl Haub in Washington, D. C., hat festgestellt: »Bevölkerungsabnahme infolge geringer Fruchtbarkeit ist ein neues Phänomen – anders als frühere Rückgänge infolge von katastophalen Ereignissen wie der Dreißigjährige Krieg oder der Schwarze Tod im Europa des Mittelalters.«

Das »Blutbad« im Krieg war historisch oft ein »Aderlaß« und verringerte Bevölkerungen, dezimierte sie zuweilen gar. Theologen und Philosophen errichteten umfangreiche Lehrgebäude, um Kriege zu rechtfertigen. Sie gestanden Befehlshabern zu, über das Leben ihrer Soldaten zu verfügen. Den »Kriegsherren« waren tödliche Irrtümer erlaubt. Niemand zog sie darüber zur Rechenschaft, ob wirklich alle anderen Möglichkeiten ausgeschöpft waren, wenn zum Angriff geblasen wurde. Vielleicht hatte ein General nur die Lage nicht durchdacht, oder er träumte von einem Orden.

Gerd von Wahlert erinnert daran, daß auch die Kirchen Kriege als schuldhafte Verstrickungen ansahen, sie gar verurteilten und den Oberkommandierenden dennoch ihren Beistand nicht versagten. »Wie immer dann Menschen ums Leben kamen, die Hingabe ihres Lebens galt in allen Fällen als gedeckt durch den Aufopferungsspruch, der der Gesellschaft selbst für das Leben ihrer Mitglieder in diesem Fall zugestanden wurde.« Bevölkerungspolitisch schließt sich nun der Gedanke an, ob eine regierungsamtliche Forderung nach Einschränkung von Geburten nicht weit hinter der Aufopferung des Lebens im Kriege zurückbleibt, die man bisher glaubte rechtfertigen oder in Kauf nehmen zu können.

Der Hagener Professor Alois Wenig* hat Anmerkungen zur Bevölkerungslehre von Thomas Robert Malthus im Zusammenhang

---

* *Überbevölkerung – eine Kriegsursache?* In: Kyklos 38/1985, Fasc. 3, S. 365 f.

mit dem Kriegswesen zu Zeiten des europäischen Absolutismus veröffentlicht. Malthus ließ 1798 seinen berühmten »Essay On Population« erscheinen, den er mit einem langen Untertitel versah: »Eine Abhandlung über das Bevölkerungsgesetz, wie es die zukünftige Verbesserung der Gesellschaft beeinflußt, mit Bemerkungen über die Spekulationen von Herrn Godwin, Herrn Condorcet und anderen Autoren«. Seine 1803 folgende veränderte und erweiterte Fassung mit demselben Titel »Eine Abhandlung über das Bevölkerungsgesetz«, aber anderem Untertitel: »Ein Überblick über die früheren und gegenwärtigen Auswirkungen auf das menschliche Glück, mit einer Untersuchung unserer Perspektiven hinsichtlich einer zukünftigen Aufhebung oder Milderung der Übel, die es verursacht«, wird heute meist übersehen.

Malthus' Hauptthese, die ihn berühmt gemacht hat, besagte, bei durchschnittlich vier Kindern pro Familie werde sich die Bevölkerung von Generation zu Generation verdoppeln, während die Nahrungsmittelproduktion allenfalls linear zunehmen könne. Diese Schere zwischen Bevölkerung und Nahrungsmittelproduktion werde durch höhere Sterblichkeit geschlossen, und dazu führten »positive Hemmnisse«, die Malthus in Laster und Elend unterteilte: Mit Laster meinte er hauptsächlich Prostitution und Kriminalität, unter Elend verstand er unter anderem harte Arbeit, extreme Armut, schlechte Kinderernährung, Krankheiten, Kriege, Pest und Hunger. Er untersuchte nicht näher, ob Kriege ganz oder teilweise als das Ergebnis von Übervölkerung zu erklären wären. Jedenfalls lebte er unmittelbar nach dem englisch-französischen Krieg und dem Siebenjährigen Krieg.

Kein Bevölkerungspolitiker, der sich nicht auf ihn beruft oder der sich von Malthus' Thesen ausdrücklich abwendet. Er galt als der »am meisten gehaßte Mann seiner Epoche«. »Die Gegner von Malthus haben das Werk zum Teil offensichtlich nie in der Hand gehabt, und es gibt in der Neuzeit wohl keinen zweiten Gesellschaftstheoretiker, dessen Aussagen so verkürzt, einseitig und verfälscht dargestellt worden sind. Es kam also zu tiefgreifenden Mißverständnissen, wozu Malthus allerdings auch selbst beigetragen hat; denn in Einzelheiten hat er sich bisweilen widersprüchlich geäußert« (Eger).

Alois Wenig entwickelt nun seine Hypothese vom »modifizierten Bevölkerungsprinzip«, die besagt, es habe in der Gesellschaft des Absolutismus institutionelle Arrangements gegeben, die unausweichlich zum Kriege führten und deren historischer Sinn es gewesen sei, den innenpolitischen Sprengstoff des adeligen Bevölkerungsüberschusses zu entschärfen, sprich, das damalige Schlachtenritual hatte die gesellschaftliche Funktion, die Zahl der Offiziere zu dezimieren.

Der Besitz der Adelsfamilien durfte damals nicht durch Erbteilung verringert werden und ging deshalb stets auf das älteste Kind oder den ältesten Sohn über. Dieses Erstgeburtsrecht, Primogenitur, teilte den Adel in den Besitzadel und den Tituladel. Die Angehörigen des letzteren hatten Berufsverbot für alle »bürgerlichen« Erwerbstätigkeiten, worüber die Zünfte streng wachten. Ihnen standen nur drei Möglichkeiten offen. Sie konnten Beamte, Geistliche oder Offiziere werden. Offiziere durften nur mit Erlaubnis des Fürsten heiraten. Für die überzähligen Damen gab es adelige Damenstifte.

Der Druck wachsender Militärausgaben auf den Feudalkonsum schuf Anreize zu Eroberungskriegen. Erbadel und Zunftbürgertum, welches die Arbeits- und Gütermärkte monopolisierte, hatten Verteilungsansprüche, »die zur Schaffung sowohl einer adeligen Soldatenkaste als auch eines Reservoirs an leicht anzuheuernden Söldnern führte. Diese beiden Bevölkerungsgruppen mußten im ökonomischen Interesse der privilegierten anderen über kurz oder lang immer wieder dezimiert werden, wobei es hauptsächlich darauf ankam, die Zahl der Tituladeligen zu reduzieren. Es konnte ja nicht zugelassen werden, diese dem Pauperismus anheimzugeben. Das hätte die innere Kohärenz des Adels gefährdet. Die jungen Adelssöhne immer wieder in den Kriegen sterben zu lassen erfüllte den gleichen systemerhaltenden Zweck, war aber subtiler und ließ sich sogar mit einer gewissen Ideologie des Heroismus kaschieren.«

Auswanderung ins außereuropäische Ausland war keine Lösung, denn das hätte zu ständigem Widerstand der jungen Adeligen geführt. Man brauchte sie auch als Nachrücker für den Fall, daß der erstgeborene Erbe starb. Alois Wenig erklärt auch die Schlachtordnung der Kriege des 17. und 18. Jahrhunderts unter diesen Umständen, die nicht die wirksamste Form des Angriffs und der Verteidigung war, sondern die Offiziere so an der Spitze ihrer Kompanien aufstellte, daß sie als erste kampfunfähig gemacht werden konnten. »Die Wahrscheinlichkeit, im Kampf zu fallen oder verwundet zu werden, war bei einem Offizier um ein Vielfaches größer als bei einem gemeinen Soldaten.«

Mit einer Fülle von historischen Einzelheiten kommt Wenig zu dem Schluß, daß nicht Nahrungsmittelmangel in Europa die Ursache der Kriege in der damaligen Epoche war, sondern eine »gewisse Art von Übervölkerung«. Er versucht zu zeigen, »daß es die damals etablierten Mechanismen der Einkommensverteilung waren, die den Herrschern dieser Epoche keinen anderen Ausweg ließen, als sich durch Krieg bestimmter Teile der Bevölkerung zu entledigen«.

In diesem Zusammenhang ist der Hinweis von Werner Sombart (1913) interessant, daß im Zeitalter des Absolutismus die Militärausgaben die gesamten Ersparnisse der Volkswirtschaften absorbierten und daß ohne sie der kapitalistische Wachstumsprozeß schon mindestens hundert Jahre früher eingesetzt hätte. Im Sinne der Malthusschen Terminologie seien Kriege damals sowohl positive als auch präventive Hemmnisse gewesen, urteilt Wenig: »Sie dezimierten tatsächlich den Teil der Bevölkerung, für den bei der Verteilung des Kuchens nicht genug übriggelassen wurde, und sie stellten sicher, daß es auf lange Sicht nicht zu einem Absinken des Lebensstandards aller unter das Existenzminimum kommen konnte.«

Dieser historische Befund wirft ein Schlaglicht auf den Druck innenpolitischer Probleme und Verteilungskämpfe, der noch in jüngster Zeit zur Entstehung von Kriegen beiträgt: »Auch heute ist zu fragen, ob die politischen Entscheidungsträger Gefangene der wirtschaftlichen, gesellschaftlichen und politischen Spielregeln in ihren Ländern sind, die ihnen in bestimmten Situationen den Krieg als politisches Mittel aufzwingen, weil nur durch den Krieg mit einem äußeren Feind ein mörderischer Konflikt nach innen verhindert oder das eigene politische Überleben gesichert werden kann.« Man denke nur an die Konflikte in Zentralamerika, den Krieg zwischen Iran und Irak und das Falkland/Malwinen-Abenteuer der argentinischen Generäle und der Regierung Thatcher.

Michael Stürmer
Abschied von Alteuropa

In den Jahrzehnten um 1800 endete die lange Epoche der verpflichtenden Symbole, der repräsentativen Lebensformen, eines Denkens, das mehr in Gestalten und Bildern sich vollzog als in Begriffen. Was aber wurde danach so prinzipiell anders? Und wie vollzog sich der Wandel? Angesichts einer allgemeinen Banalisierung und Vulgarisierung der Produktion wie des Konsums sei man versucht, so schrieb unlängst Wolf Jobst Siedler über den Wilhelminismus, die Geschichte der letzten zwei Jahrhunderte unter dem Gesichtspunkt eines langen Abschieds von Alteuropa zu sehen. Der Abschied aber begann, als Gott und seine Heiligen stürzten und die Könige ihnen nachmußten.

Man darf mit der Technik beginnen. Die Betrachtung muß ausgehen von jenem Bereich, der unmittelbar der Darstellung von Land und Herrschaft diente: die fragile Welt der höfischen Möbel, der Seiden, des Silbers, der Bronzen und des Porzellans. Noch bis in die 1840er Jahre wird von einer technisch-industriellen Umgestaltung in diesen Bereichen nicht ernsthaft zu sprechen sein. Alle Werkzeuge, die der Handwerker am burgundischen Hof um 1400 noch geführt hatte, standen auch 400 Jahre später noch zur Verfügung, nur ausgereift, verfeinert und spezialisiert. St. Josef, der Zimmermann, hätte aus einem gotischen Tafelbild heraustreten können in jene Welt, die die Kupfer der »Encyclopédie« um 1760 und die »Descriptions des Arts et Métiers« um 1770 zeigen, und er hätte ohne Zögern jedes Werkzeug benennen und sich seiner bedienen können.

Manche Materialien und Techniken wären dem Schreiner der Gotik neu gewesen, bestimmte Leime und Polituren vielleicht. Er hätte auch lernen müssen zu furnieren und zu polieren. Schwieriger wäre es ihm geworden zu begreifen, daß die Anforderungen an seine Kunst nicht bei Tisch und Truhe, Wiege und Sarg stehengeblieben waren. Techniken rationeller Arbeitsteilung waren fortgeschritten in den Betrieben und zwischen ihnen, es gab im 18. Jahrhundert Akkordarbeit und wachsende Entfremdung zwischen Brotgebern und Gesellen.

Doch einem Menschen der Gotik wäre die Werkstätte um 1780 noch vertraut gewesen, verglichen mit jenem Schock, der ihm ein Menschenalter später bevorstand: Bandsägen, Kreissägen, Fräsmaschinen, Hobelmaschinen und viele andere Werkzeugmaschinen, alle durch Transmissionsriemen an eine zentrale Dampfmaschine angeschlossen, diktierten den Arbeitsablauf und forderten hohe Investitionen. Der alte Handwerker hatte die meisten Werkzeuge noch selbst hergestellt – damit ist es seit 1840 vorbei. Beim Arbeiten hatte er stets das Werkzeug bewegt, das Werkstück selbst blieb in Ruhe. Ausnahme waren die Drehbank und der Rumpelhobel des 17. Jahrhunderts, dieser eine genial konstruierte Maschine niederländischer Rahmenfabrikanten, aber im 18. Jahrhundert schon ohne Nachfrage, daher vergessen, technisch hochmodern und wirtschaftlich doch nur Sackgasse. Die Werkzeugmaschinen des 19. Jahrhunderts wurden in den Boden zementiert, es bewegte sich das Werkstück. Seitdem erst war der Weg frei zu systematischer Zerlegung von Arbeitsprozessen. Die neuen Maschinen rentierten sich dabei um so mehr, je kontinuierlicher sie arbeiteten, je mehr sie produzierten. Anders als Mensch und Tier bedurften sie der Pausen nicht.

In den Spinn- und Webtechniken vielfach das gleiche Bild, indes war hier die Reife der mittelalterlichen Technik bereits um Jahrhunderte früher eingetreten, durch Massenfertigung, Kapitalkonzentration und Verlagswesen begünstigt. Daneben hatten allein Silberschmiedekunst und Drahtziehtechnik um 1400 schon jenen technischen Stand erreicht, an dem es bis in die Mitte des 19. Jahrhunderts nichts mehr zu verbessern geben wird.

Diese Stabilität alter Handwerkstechnik bis zur Schwelle der Industrialisierung galt allerdings dort nicht, wo neue Materialien auftauchten, wie um 1710 das europäische Porzellan, und industrielle Fertigungsprozesse provozierten. Es gehörten dazu eine Arbeitsorganisation, die zünftisch nicht mehr zu bewältigen war, Produktion auf Lager für einen Markt, der erst noch zu schaffen war, und ein Kapitalbedarf, der allenfalls dem der alten Montanindustrien und der chemischen Grundstoffindustrie der Frühmoderne gleichkam. Die Entwicklung von irdenen Waren zum Porzellan war technisch ein Sprung. Künstlerisch allerdings setzte das Porzellan eine Formensprache fort, die im Silber – vor allem dem Hugenottensilber um 1700 – und in ostasiatischer Keramik etablierte Vorbilder besaß.

Es wird hier schon die zweite Ebene sichtbar, auf der das Verhältnis von Kunst und Technik sich entfaltete: die Nachfrage. Adam Smith hat in seinem großen Essay vom Reichtum der Nationen 1776 eine Beobachtung gemacht, welche die These von der Eigengesetzlichkeit der Kunst dementiert. Es bedürfe, so pointierte der schottische Moralphilosoph und Ökonom eine allgemeine Regel, auch das Genie der Nachfrage. Diese Nachfrage aber bewegte sich im Rhythmus von fetten Jahren und mageren, von Krise und Konjunktur. Dabei entwickelte sich die Kaufkraft der landbesitzenden Eliten, die allein als Kunstkäufer hervortraten, im Prinzip gegenläufig zur Kaufkraft der städtischen Handwerkerschichten, die Kunstgüter erzeugten.

Korn war knapp und deshalb teuer in Alteuropa, Arbeit aber übergenug und meist sehr wohlfeil. Die *terms of trade* zwischen Korn und Arbeitslohn begünstigten den, der Korn anzubieten hatte, und sie waren bitter für den, der nichts als seinen Fleiß und sein Ingenium zu verkaufen hatte. Vom Dreißigjährigen Krieg bis um die Mitte des 18. Jahrhunderts waren Menschen in Mitteleuropa knapp, die Löhne daher noch verhältnismäßig auskömmlich. Seit Mitte des 18. Jahrhunderts aber wurde Arbeit, auch die der besten Kunsthandwerker und Künstler, gemessen an Korn und Brot immer billiger, während Land, städtische Grundstücke und Korn einem anhaltenden Preisanstieg – in 50 Jahren bis zu 300 Prozent – ausgesetzt waren. Weshalb auch die Handwerkskunst im Zeichen des Klassizismus von 1770 – nach dem Siebenjährigen Krieg und der ihm folgenden Handelsdepression und Geldkrise – bis gegen 1786/1789 gekennzeichnet war von staunenswertem Arbeitsaufwand bei wahrscheinlich sinkendem Realeinkommen der Künstler und Handwerker.

Was aber trieb die Nachfrage voran? Nach den großen Studien von Sombart, Elias und Kantorowicz kann man staatliche Repräsentation, sozialen Ehrgeiz und Erotik als Antriebskräfte identifizieren. Vor allem den Staat galt es in Szene zu setzen. Das Schloß, das nach der inneren Befriedigung des Territorialstaats nicht mehr vorwiegend Festung zu sein brauchte, wurde Gesamtkunstwerk wie vordem nur Tempel und Kathedrale. Von beiden bezog der Schloßbau der Frühmoderne seine Maßstäbe, die er dann – vorgreifend sei es erwähnt – dem Bahnhof und der Börse eines ganz anderen Zeitalters vererben wird. Versailles und Schönbrunn, das Berliner Stadtschloß und die Petersburger Eremitage waren, symbolisch betrachtet, Gehäuse für Götter, die sterblich waren und unsterblich zugleich. Höfische Nachfrage war auf permanente Erneuerung dieses Strahlenkranzes gerichtet. Nirgendwo kam er deutlicher zum Ausdruck als in jenen Sonnen am Schloßbau von Versailles, die das höfische Europa blendeten. Nicht zu vergessen, daß die französische Hofkunst, zwischen 1660 und 1680 unter dem großen Minister Colbert zu höchster Blüte gebracht, der effektivste Werbeträger war, den die neuere Geschichte je gekannt hat, was Pariser Silber, Bronzen, Kutschen und Möbel anlangte und die schönen Seiden aus Lyon. Hofkunst wirkte weit über die Höfe hinaus. Hofkunst setzte über Adel und Patriziat dem Bürgertum die Maßstäbe, ja sie formte noch den Stoff, aus dem die Träume der Unteren gemacht waren.

Kunst, Technik und Nachfrage ergänzten und steigerten einander in der Alten Welt. Wo neue Techniken aufkamen, waren sie noch lange Zeit der Tradition einzufügen. Die Gesamtkonstellation hielt. Damit aber sind wir, zum dritten, beim Handwerker, der im Dienst der frühmodernen Staatsidee mit dem Künstler viel und wenig gemein hatte: viel, weil Hofhandwerker und Hofkünstler auf derselben Stufe der höfischen Hierarchie standen, derselben Kleiderordnung unterlagen, die gleichen Reisespesen abrechneten, die gleiche höfische Werkstatt zu den gleichen generösen Bedingungen betrieben, die gleiche Privilegierung des Rechtsstands genossen, unmittelbar unter dem Souverän. Allerdings waren sie auch der gleichen Ungewißheit bezüglich Bezahlung und Status ausgesetzt: Kinder des Glücks, die der kleinen bedrängten Welt der Handwerker und der freien Künste enthoben waren, solange die Gnadensonne schien, und in sie zurückfielen, wenn sie sich verfinsterte. Viel auch hatten sie gemein, weil die höfisch-patrizische Welt hohe Prämien setzte auf das Nochniedagewesene, auf Überwindung der Tradition und neueste Erfindung, was ebenso einen technischen Durchbruch im Uhrenbau bedeuten konnte wie eine ästhetische Neuerung. Viel auch deshalb, weil der Auftraggeber in der Regel wichtiger war, mächtiger ohnehin, als der Ausführende und weil beide, Handwerkstechnik und Kunst, sich einem bekannten, vorgegebenen Zweck einzufügen hatten: der Repräsentation des regelsetzenden, disziplinierenden, triumphierenden Staats.

Wenig aber auch, weil die erfolgreichsten unter den Künstlern im 17. Jahrhundert einen Aufstieg begannen und im 18. Jahrhundert fortsetzten, bei dem nur wenige Handwerker – Silberschmiede wie Benvenuto Cellini oder Adam van Vianen – ihnen folgen konnten. Ungleich blieben sie auch, weil der Angehörige der freien Künste mit viel höherem Risiko arbeitete als der Handwerker, dessen Sturz meist das Sozialnetz der Zunft abfing. Ungleich blieben sie auch im Punkte der Bezahlung: Die größten Künstler rückten als Genie in die Nähe der irdischen Gottheit, ihre Werke wurden noch zu Lebzeiten gesammelt und als Prestigeobjekt in einer Bewertung gehandelt, die weitgehend unabhängig war von Materialkosten und Arbeitslöhnen. Der Handwerker dagegen blieb eingezwängt in Regeln der Preisbildung, die auf die praktische Ethik des »gerechten Preises« zurückgingen.

Ungleich waren sie auch im Punkte der formalen Bildung. Künstler besuchten Akademien, Handwerker gingen in der Regel durch eine Lehre, deren pädagogisches Grundprinzip darin bestand, den Älteren über die Schulter zu schauen.

Diese Konstellation zeigte Risse, als im letzten Viertel des 18. Jahrhunderts die höfischen Aufträge weniger wurden. Die Ursache waren widrige Konjunkturen, aber auch eine neue Mentalität, die die Einstellung zu Mensch und Staatsidee veränderte. Edle Simplizität und häusliche Freuden wurden Lebensideal. Sie wirkten subversiv. Gleichheitsideen und die Identifizierung von Vernunft und Natur nahmen der höfischen Sphäre mit ihrem göttlichen Glanz auch ihr Selbstbewußtsein und ihr durch die Liaison von Kunst und Technik bestimmtes Repräsentationsbedürfnis. Dieser Prozeß ging der politischen Revolution voraus. Durch sie wurde er Weg ohne Wiederkehr. Die Hofkünstler sicherten sich Planstellen bei den Akademien, die Hofhandwerker sanken ab, so sie nicht ihr Glück – auch dafür finden sich Belege – als frühe Unternehmer machten. Kunst und Handwerkstechnik traten auseinander, nachdem ihr gemeinsamer Bezugspunkt verlorengegangen war. Das Handwerk insgesamt verlor in der großen Bevölkerungskrise um 1800 zuerst seinen Markt, dann seinen korporativen Status und am Ende auch die Sicherheit, die der von den Zünftigen eingehegte Markt und der hohe Standard der Produktqualität einst bedeutet hatten. Die Zünfte, von den Aufklärern lange als Hort der Borniertheit denunziert, fielen mit der Hofkunst in Agonie.

II VERANTWORTUNG UND HANDELN

Thea Bauriedl

Veränderung des Bewußtseins – Veränderung des Verhaltens

Aber genügt denn eine Bewußtseinsveränderung in unserer Lage? Müssen wir nicht vielmehr sofort und effektiv handeln, um das Schlimmste noch zu verhindern? Müssen wir nicht auch Gewalt anwenden, wenn wir den gewaltigen militärisch-industriellen Interessen gegenüberstehen? Diese lassen sich doch durch Bewußtseinsveränderung nicht beeinflussen! Wenn ich vergewaltigt werde, dann hilft mir ein Bewußtseinswandel wenig, dann muß ich handeln, dann *ist* der andere mein Feind, dann habe ich Angst *vor ihm* und nicht vor mir selbst. Wir wissen doch eigentlich alle, worum es geht, aber niemand tut etwas. Es fehlt also am Handeln und am Mut zum Handeln, nicht am Bewußtsein. – So und ähnlich wird mir oft entgegnet, wenn ich über die Notwendigkeit einer Bewußtseinsveränderung als Grundlage für eine Verhaltensänderung spreche. Sogar bei psychoanalytischen Kollegen begegne ich gelegentlich der Einstellung, daß der »natürliche Auftrieb des Unbewußten«, wie ihn Freud beschrieb, ganz schön sei, aber in schweren Fällen eben doch nicht für die Gesundung ausreiche. Da müsse man unter Umständen doch handeln, besonders in akuten Krisensituationen.

Ich glaube, daß hier eine falsche Alternative gesehen wird. Aktives Handeln und Bewußtseinsveränderung scheinen einander auszuschließen. Wer über sich selbst nachdenkt, scheint nicht mehr handlungsfähig zu sein, und wer handelt, braucht sich scheinbar nicht um die Vollständigkeit seiner Wahrnehmung zu kümmern. Es ist dasselbe Mißverständnis, das auch innerhalb der Psychoanalyse entstand: Analysieren und Handeln stören sich von vornherein gegenseitig. Deswegen, so glaubt man, darf ein Analytiker niemals konkrete Handlungen in der Beziehung zu seinen Patienten durchführen. Psychoanalyse wurde durch dieses Mißverständnis von vielen Kollegen für grundsätzlich unvereinbar mit Krisenintervention gehalten.

Handeln und Analysieren brauchen sich aber nicht auszuschließen. Eine möglichst gute Wahrnehmung der Realität in dem hier beschriebenen Sinn *beim* Handeln erhöht dessen Fruchtbarkeit. Je mehr die Realitätswahrnehmung des Handelnden durch Verdrängungen beeinträchtigt ist, desto mehr sabotiert er seine eigenen Absichten durch die Art seines Handelns. Wer im persönlichen und politischen Bereich etwas unternimmt, kann mit seinen friedens- und lebenserhaltenden Absichten nur in dem Maße erfolgreich sein, wie ihm bei seinem Tun bewußt ist, was dieses Tun für alle Beteiligten bedeutet. Wenn ich einen Schritt auf einen anderen zu mache, ihn auffordere, etwas zu sehen, was er vorher aus Angst nicht sah, dann muß ich dabei wissen und berücksichtigen, daß er vor diesem Sehen Angst hat und daß er deswegen auf doppelte Weise reagieren wird: Er wird gegen meine Information und eventuell auch gegen mich auf irgendeine Weise kämpfen, genauso wie er gegen den Inhalt meiner Botschaft mit Hilfe der Verdrängung in sich selbst kämpft. Es wird durch meine Annäherung aber auch eine Hoffnung in ihm angesprochen, eine Hoffnung auf Leben und lebendige Veränderung. Manchmal ist diese Seite nur sehr schwer zu sehen, aber es lohnt sich in allen Fällen, danach zu suchen. Ich bin überzeugt, daß dieses Prinzip immer dann zutrifft, wenn es um eine in meinem Sinn »gute Aufklärung« und nicht um die Botschaft der Schlange (»Ihr werdet sein wie Gott«, d. h. ich/wir werden die Welt und unsere Mitmenschen beherrschen) geht.

Ich muß aber gleichzeitig bei diesem meinem Handeln wissen und berücksichtigen, daß auch ich selbst nicht nur die Veränderung will, sondern ebenfalls zu einem gewissen Grad gleichzeitig Angst vor ihr habe. Wenn ich diese meine Angst (vor der Selbstbestimmung und vor der Freiheit) übersehe, dann jage ich sie durch die Art meines Handelns dem anderen ein, und dieser wird unseren gemeinsamen Widerstand übernehmen. Ich konstelliere ihn mir also selbst als »Wand« und renne mir unter Umständen an dieser Wand den Kopf ein, was mir wiederum zur Bestätigung meiner moralisch überlegenen, in bezug auf meine Absichten und Wünsche unterlegenen Märtyrerposition verhilft. Dasselbe geschieht, wenn ich nicht mit der Hoffnung meines Gegenübers rechne, sondern, ebenso aus einem moralischen Überlegenheitsgefühl heraus, ihn nur für »machtbesessen, feindlich, destruktiv« usw. halte. Auch dann arbeite ich nicht *mit* seiner emanzipatorischen Seite, sondern *gegen* seine Angst vor der Befreiung in ein menschlicheres Zusammenleben. Mein Interesse, der oder die Bessere zu sein, überwiegt gegenüber meinem Interesse, den anderen für eine gemeinsame Veränderung zu gewinnen, und so entspricht auch das Ergebnis meines Verhaltens der in mir vorherrschenden Interessenlage: Ich gehe als moralische(r) Sieger(in) und in der Sache unterlegen aus dem Kampf hervor.

Die Erkenntnis dieser Prinzipien ist nach meinem Verständnis wichtige, ja unabdingbare Voraussetzung für eine »sanfte Politik«. Sanft heißt hier nicht: gewaltfrei im Sinne von plötzlichem Wegwerfen aller bisherigen »Rüstungen«. Sanfte Politik bedeutet für mich ebenso wie sanfte Technik ein Forschen und Handeln, das die zwischenmenschlichen Beziehungen und ihre Gesetzmäßigkeiten ebenso einbezieht wie die Gesetzmäßigkeiten des Umgangs mit der Natur in ihrem vollen Ausmaß und mit allen seinen Auswirkungen auch für spätere Zeiten. In der »sanften Politik«, die man in diesem Sinne auch als »aufgeklärte Politik« bezeichnen könnte, geht es zum Beispiel darum, nicht in billig moralisierender Weise die jeweils Unterdrückten in anderen Staaten ideologisch, finanziell und militärisch gegen die ihnen feindlich gegenüberstehenden Machthaber zu unterstützen und dadurch für die eigenen Zwecke zu mißbrauchen (Sacharow, Solidarnosč, DKP). Oft werden Veränderungsmöglichkeiten in diesen Völkern gerade durch das Ausspielen der einen gegen die anderen von außen blockiert. Das könnte man wissen, wenn man sich daran erinnert, wie man als Kind durch das Ausspielen der Eltern gegeneinander zum eigenen Machtgewinn das gespaltene System und das in ihm enthaltene Elend aller Beteiligten mit aufrechterhalten hat. Hat man diese Dynamik allerdings noch nicht verstanden, dann wird man weiterhin »unaufgeklärte Politik« betreiben, die nur dem eigenen Machtgewinn dient und niemandem, auch einem selbst nicht aus dem Elend heraushilft.

Aber führt eine Bewußtseinsveränderung *immer* zu einer Verhaltensänderung? Auch in einer Psychoanalyse sieht es manchmal so aus, als hätte sich das Bewußtsein verändert. Nur das Verhalten ist noch gleich. In solchen Fällen handelt es sich sehr oft um ein ausschließlich intellektuelles Verständnis der Zusammenhänge, das hier wie in der großen Politik kaum zur Veränderung des Verhaltens beiträgt. Aufklärung im Sinn von größerer Intellektualität bringt oft nur neue Abwehrformen gegen die Angst mit sich. Nur das Wiedererleben der verdrängten Angst und der verdrängten Wünsche hat tatsächlich eine Veränderung des Verhaltens zur Folge. Verhalten ist immer das Ergebnis einer Abwägung zwischen Wünschen und Risiken. Wenn die Gefahr größer zu sein scheint als die erwartete Befriedigung, dann gehen wir keinen Schritt. Es ist deshalb sinnvoll, sich die eigene Angst und die eigenen Möglichkeiten möglichst oft bewußt zu machen und mit sich selbst in solchen Situationen Erfahrungen zu sammeln. Wenn ich nicht oft ins Wasser gesprungen bin, glaube ich entweder, daß das ganz leicht wäre, wenn ich nur wollte, oder daß ich das nie und nimmer könnte. Häufiges Ins-Wasser-Springen in »politischen« (Konflikt-)Situationen verhilft zu einer zunehmend realistischen Einschätzung der eigenen Möglichkeiten und Ängste. Das bewahrt einen davor, in einem unrealistischen Ohnmachtsgefühl zu verharren oder in Überschätzung der eigenen Möglichkeiten sich immer wieder den Kopf einzurennen.

Dieses fruchtlose Gegen-die-Wand-Rennen aufgrund unbewußter Selbstbestrafungstendenzen ist nicht nur für den eigenen Kopf schädlich, sondern auch für das Bewußtsein aller Beteiligten. Sogar dem »Gegner« nimmt es die Hoffnung auf eine Befreiung. Auch er erlebt auf diese Weise immer wieder die Bestätigung der in ihm schon vorhandenen Vorannahme, daß ein Aufstand der Lebenswünsche gegen die Machtinteressen keine Chance hat. So kann man in vielen kleinen Schritten, die zumeist im ganz privaten Bereich beginnen, Erfahrungen sammeln mit sich selbst in der Beziehung zu anderen. Man kann bei sich selbst unterscheiden lernen, ob man das Gefühl hat, den anstehenden Konflikt auch bis zu einem guten Ende durchstehen zu können, oder ob die eigene und die fremde Angst vielleicht zu groß ist und deshalb gemeinsam ein Scheitern herbeigeführt werden muß. Eine solche Reflexion *vor* der Aktion kann sehr hilfreich sein für eine realistische Beurteilung dessen, was man wie in Gang setzen will.

Aus der realistischen, unbewußte Anteile einbeziehenden Einschätzung von Veränderungsmöglichkeiten ergibt sich auch eine verbesserte Fähigkeit, mit »Rückschlägen« umzugehen. Als »Rückschlag« verstehe ich hier eine Reaktion, die nicht voll meinen individuellen Wünschen entspricht, sondern die die Angst vor Veränderung bei mir und bei anderen ausdrückt. Wenn ich von vornherein mit einem solchen »Rückschlag« rechne, bin ich nicht mutlos, wenn ich nicht im ersten Schritt das erreiche, was ich will. Ich brauche dann auch nicht verzweifelt (und vielleicht innerlich moralisch triumphierend) wegzulaufen, wenn der »Gegner« sich gegen meine Intentionen wehrt. Wenn ich nicht davon ausgehe, daß aus unserer Begegnung unbedingt das herauskommen muß, was *ich* mir vorher dachte, sondern auf jeden Fall etwas Gemeinsames, dann werde ich mich mehr auf die Qualität dieses Gemeinsamen konzentrieren als auf die Durchsetzung meiner individuellen Version. Dann werde ich auch nach einem »Rückschlag« den zweiten und viele weitere Schritte wagen. Das Leben besteht nicht aus kurzfristigen Siegen oder Niederlagen, sondern aus lebenslangen Veränderungsprozessen, an denen immer *alle* beteiligt sind. Veränderungen kann und muß nicht ein einzelner vollbringen oder erzwingen.

Für jeden Schritt in diesem Prozeß kommt es nach meiner Erfahrung darauf an, wie viele bisher unbewußte Anteile dabei zugelassen und berücksichtigt werden und wieviel unbewußt bleiben muß. Je mehr bisher unbewußte Wünsche und Ängste ans Tageslicht kommen und in die gemeinsamen Entscheidungen einfließen, desto fruchtbarer ist dieser Prozeß für die Erhaltung des Lebens und des Friedens. Wenn wir die Gefahren der Plutoniumwirtschaft in ihrem vollen Gewicht wahrnehmen, dann werden wir uns intensiver und wirksamer für ihre Vermeidung einsetzen, als wenn wir sie verdrängen, weil sie uns unbewältigbar erscheinen. Sachzwänge beruhen auf Denkzwängen, und diese wiederum werden durch die Wiederkehr von verdrängten Inhalten immer wieder aufgelöst oder auch in neue, erweiterte Formen umgewandelt. Dieser Prozeß hört nie auf. Deshalb kann man auch sagen: Solange ich lebe, ist es nicht zu spät, mich daran zu beteiligen.

Kurt H. Biedenkopf

Die »Zertifikatslösung«

Will man die Festsetzung des »Preises« für Umweltbelastungen dem Markt überlassen, so kann sich der Staat darauf beschränken, die »ökologischen Rahmenwerte« festzuschreiben. Die Verteilung dieser Gesamtbelastung auf die einzelnen »Umweltverbraucher« findet dagegen im Markt statt. Wer die Umwelt belasten will, muß in der Höhe der Belastung Zertifikate erwerben. Wer bisher die Umwelt belastet und dafür eine Genehmigung hatte, kann diese Berechtigung in Form von Zertifikaten an andere veräußern, wenn er seine Umweltbelastung entsprechend verringert.

Die Tätigkeit des Staates beschränkt sich auf die *mengenmäßige* Fixierung der zulässigen Gesamtemission in einem bestimmten Bereich. Er muß weder entscheiden, wie hoch die Umweltbelastung durch einzelne Unternehmen sein darf, noch selbst den Preis für Umweltbelastungen festsetzen. Die Koordination der großen Zahl unterschiedlicher Gesichtspunkte und Einflußfaktoren, die sich im Rahmen der Verteilung der insgesamt festgesetzten Umweltbelastung auf die »Umweltverbraucher« ergeben, bleibt dem Markt überlassen. Er kann sich auch hier als »manager of complexity« bewähren. Er ist besser als jede andere Lenkungsmaßnahme in der Lage, alle Gesichtspunkte der Einzelpläne der Unternehmen oder der Privathaushalte, falls auch sie betroffen sind, zu koordinieren und zu steuern. Da die Unternehmen auch im Rahmen der Preisermittlung durch den Markt bestrebt sein werden, den kostengünstigsten Weg zur Verringerung der Umweltbelastung zu wählen, werden auch bei dieser sogenannten Zertifikatslösung die Kosten des Umweltschutzes so niedrig bleiben, wie dies angesichts des erwünschten Reinheitsgrades möglich ist.

Die sogenannte Zertifikatslösung überläßt aber nicht nur die Verteilung der insgesamt zulässigen Umweltbelastung dem Markt. Sie macht sich den Marktmechanismus auch zunutze, wenn es um die Verringerung der anfangs festgesetzten zulässigen Gesamtbelastung geht.

Diese Verringerung wird durch eine »Abwertung« der ausgegebenen Zertifikate bewirkt. Die Inhaber von Berechtigungsscheinen sind nach der Abwertung nur noch berechtigt, den neuen, geringeren »Umweltverbrauch« in Anspruch zu nehmen. Durch diese Abwertung entstehen neue Verteilungsprobleme. Sie werden ebenfalls vom Markt gelöst.

Es besteht für mich kein Zweifel, daß die Zertifikatslösung, wo immer sie durchführbar ist, den Vorzug vor der Abgabenlösung und diese wiederum den Vorzug vor direkten staatlichen Interventionen verdient. Mit anderen Worten: Die Preisbildung für den Rohstoff »Umwelt« muß soweit wie möglich dem Markt überlassen bleiben. Denn alle Erfahrungen lehren, daß er Verteilungsprobleme besser lösen kann und eher zu wirtschaftlichen Problemlösungen anspornt als die Erhebung staatlicher Abgaben oder gar direkte staatliche Gebote und Verbote.

Vor allem jedoch bedeutet die Beschränkung des Staates auf die Festsetzung der Knappheit der Umwelt, daß sich keine politischen Sonderinteressen bilden und staatliches Handeln zu willkürlichem Handeln verfälschen können. Jedenfalls ist diese Gefahr bei der marktwirtschaftlichen Lösung wesentlich geringer. Sie hat zudem den Vorzug, daß bei der Festsetzung von ökologischen Rahmenwerten ein beträchtlicher politischer Druck zugunsten niedriger Belastungswerte erreicht werden kann.

Die Beschränkung des Staates auf die Festlegung der Rahmenbedingungen hat zudem zwei weitere *entscheidende Vorzüge*.

Einmal zahlen die Unternehmen ihre Gebühren oder Abgaben nicht an den Staat. So fließt auch keine Kaufkraft vom privaten in den öffentlichen Sektor, die die Geldmenge erhöht, »über die die Politiker verfügen können«. Das Geld bleibt vielmehr im privaten Sektor. Der Staatsanteil bleibt unberührt.

Ordnungspolitisch macht dies einen *gewaltigen* Unterschied. Werden Abgaben an den Staat gezahlt und gibt der Staat diese Mittel für die Förderung von Umwelttechnologien oder Umweltschutzmaßnahmen wieder aus, so entscheidet letztlich der Staat, »was Pioniertechnologien sind und was nicht«. Damit wird genau jene »ökologische Investitionslenkung« (Jo Leinen) möglich, die zu neuen staatlichen Interventionen, zur Begründung entsprechender Besitzstände und zur damit verbundenen Verringerung der Anpassungsfähigkeit unserer Gesellschaft an veränderte Umweltbedingungen führt, auf die wir schon wiederholt gestoßen sind.

Bleibt die Kaufkraft dagegen im wirtschaftlichen Sektor, so entscheiden die Unternehmen *selbst* darüber, welche neuen Techniken zur Entlastung der Umwelt sie einsetzen wollen und auf welchen Wegen sie möglichst schnell umweltschonende Technologien umsetzen und damit wertvolle Berechtigungen zum »Umweltverbrauch« veräußern können.

Zum zweiten bedeutet die Beschränkung des Staates auf die Festsetzung von Rahmenbedingungen, wo immer dies möglich ist, den Verzicht auf den Aufbau einer entsprechenden neuen *Umweltbürokratie*.

Eine solche Bürokratie ist sowohl im Falle direkter staatlicher Interventionen wie auch im Falle der Abgabenlösung erforderlich. Je mehr der Staat an der Entscheidung der Verteilungskonflikte im Umweltbereich beteiligt ist, um so größer muß auch die bürokratische Ausstattung werden, die er für diese Tätigkeit benötigt. Daß gleichwohl die Auseinandersetzung um die beiden Wege – Zertifikate oder Abgaben – gelegentlich den Charakter von Glaubenskriegen annimmt, hat damit zu tun, daß zwischen diesen beiden Lösungen eines marktwirtschaftlichen Umweltschutzes in der Tat Welten liegen. Die Abgabenlösung ist die Fortsetzung der bisherigen marktwirtschaftlich-interventionistischen Praxis. Sie entspricht dem heute vorherrschenden Denken. Die Entscheidung, sich auf die Festlegung der Knappheit und damit der Kostbarkeit unserer Umwelt zu beschränken, wäre dagegen ein qualitativer Fortschritt. Er würde die direkten Einflußmöglichkeiten des Staates verringern, den Bereich der Selbstanpassung durch rechtlich geordnete Verfahren erweitern und damit zu einer qualitativen Verbesserung der Anpassungsfähigkeit unserer Gesellschaft an veränderte Umweltbedingungen führen. Zugleich würde die damit verbundene Begrenzung des Staates jedoch die Möglichkeiten all derer verringern, deren machtpolitische oder organisatorische Besitzstände oder Bestrebungen auf die Erweiterung staatlicher Interventionen gerichtet sind. So gesehen ist die Entscheidung zwischen der Abgabenlösung oder der Zertifikatslösung eine Machtfrage.

Es überrascht deshalb nicht, daß staatliche Bürokratien der mit der Zertifikatslösung verbundenen Selbstbeschränkung des Staates mißtrauisch oder ablehnend gegenüberstehen. Ebensowenig kann es uns, nach den Erfahrungen mit dem Gesetz gegen Wettbewerbsbeschränkungen, überraschen, daß der Innenminister die Zertifikatslösung eher in den Bereich theoretischer Überlegungen verweist. Wieder begegnet uns der Einwand des »Praktikers«, ordnungspolitisch konsequente Problemlösungen seien »Theorie« und könnten den Anforderungen der politischen Wirklichkeit kaum gerecht werden. Für den Umweltschutz gilt das gleiche wie für die ordnungspolitische Auseinandersetzung der fünfziger Jahre: Es geht nicht um Theorie oder Praxis, sondern um mehr oder weniger Interventionismus; konkret: um die Beschränkung staatlichen Ermessens und um die Ordnung wesentlicher Bereiche unserer Wirtschaft durch Regeln des Rechts. Vor allem darauf jedoch kommt es an.

Denn: Hat der Staat die Knappheit der Umwelt und damit ihre Kostbarkeit festgesetzt und sind die weiteren Verknappungen (die Abschreibungen) vorhersehbar, so kann sich nunmehr der Anpassungsprozeß im Markt *nach dem Prinzip der Wettbewerbsordnung*, das heißt nach den Regeln des *Privatrechts* vollziehen. Die Gemeinschaft kann sich in dem ökologischen Rahmen einrichten, den wir durch politische Entscheidungen definiert haben, der uns jedoch in Wirklichkeit durch die Notwendigkeit einer ökologisch verträglichen Existenz unseres Gemeinwesens vorgegeben ist. Die politische Entscheidung für eine kostbare Umwelt ist somit auch hier eher die Konkretisierung natürlicher Gegebenheit als ein freier Akt politischer Willensbildung.

In diesem Rahmen entfaltet dann die Ordnung der Koordination aller betroffenen Einzelpläne – über Märkte und nach den Regeln der Wettbewerbsordnung – ihre Wirkung. Sie setzt die Energien frei, die wir zusätzlich brauchen, um die Ordnung unserer Industriegesellschaft weiterzuentwickeln, das heißt, um qualitativ zu wachsen. Zu dieser Art des Wachstums, das wissen wir heute, gibt es keine sinnvolle Alternative.

John C. Eccles
Freiheit und moralische Verantwortung

Man kann abschätzen, daß die Demonstration einer Handlung aus freiem Willen sehr viel überzeugender ist, wenn eine sehr einfache Intention oder Konzentration berücksichtigt wird, als wenn eine menschliche Handlung im Rahmen einer komplexen physischen, sozialen oder moralischen Situation untersucht wird. Erstens ist es wichtig zu erkennen, daß die meisten unserer Handlungen ein Repertoire gelernter Fertigkeiten darstellen, die wir automatisch, ohne geistige Konzentration oder sogar ohne bewußte Wahrnehmung ausüben – zum Beispiel, wenn wir bei wenig Verkehr auf wohlbekannten Straßen Auto fahren. Geistige Aufmerksamkeit und Entscheidungen treten nur bei einem unerwarteten Ereignis auf. Zweitens haben Philosophen die Tendenz, über Handlungsfreiheit in einem komplexen sozialen oder moralischen Zusammenhang zu spekulieren. Ein Beispiel: Wenn wir einen Gastprofessor auf der Straße treffen – sollen wir ihn zu uns nach Hause zum Essen einladen? Ich möchte die Mutmaßung, daß eine solche Entscheidung frei getroffen werden könnte, nicht bestreiten, aber der Unterschied zwischen dieser komplexen Situation und dem Beugen eines Fingers hat seine Analogie in dem Versuch, die Gesetze der Bewegung durch die Analyse reißender Flußwirbel zu entdekken, anstatt mit Galileis Methode Mottenkugeln auf einer geneigten Fläche rollen zu lassen!

Wenn wir begründen können, daß wir die Freiheit haben, einfache Bewegungen willentlich auszuführen, dann müssen komplexere soziale und moralische Situationen auch wenigstens zum Teil der Lenkung durch eine willentliche Entscheidung, daß heißt durch einen neutralen Gedankenprozeß, zugänglich sein. Damit haben wir nun den Weg zur Betrachtung der persönlichen Freiheit und moralischen Verantwortung geöffnet.

Obwohl wir theoretisch frei sein mögen, zwischen alternativen Reaktionen auf eine Situation zu wählen, so kann diese Wahl durch Zwänge beeinträchtigt werden. In einem totalitären Staat werden diese Zwänge durch schwere Strafen zur Geltung gebracht. Wie weit kann man also die unglücklichen Bürger unter diesen Umständen für ihre Entscheidungen und Handlungen moralisch verantwortlich machen? Nur die Mutigen wagen es, die Staatsmacht durch eine abweichende Meinung herauszufordern und die unmenschlichen Konsequenzen zu ertragen. Wir fragen vielleicht: Wie weit können Menschen für Handlungen moralisch verantwortlich gemacht werden, die unter solchen Zwängen begangen wurden? Wir können zumindest feststellen, daß die menschliche Freiheit durch die Zwänge eines Polizeistaates beeinträchtigt wird. Die Freiheit steht allerdings auch in einer Gesellschaft auf dem Spiel, die gegenüber Gewalttaten und Verbrechen zu nachsichtig ist.

Die Freiheit, die zählt, ist die Freiheit zu wissen – die Gedanken-, Meinungs- und Diskussionsfreiheit. Eine solche Freiheit schränkt die Freiheit anderer nicht ein, und es kann keinen Zweifel darüber geben, daß sie grundlegend ist; aber ebenso wie die »Freiheit zu wissen« brauchen wir Freiheit im Handlungsbereich. Die Freiheit, aus eigener Kraft das beste aus unserem Leben zu machen, uns als Personen zu entwickeln, unsere Talente voll auszunutzen, nach unseren Idealen zu leben, unser Schicksal zu lenken. Das ist die Freiheit, die Maritain so treffend »Freiheit in der Erfüllung« nennt. Auch diese Freiheit schränkt die Freiheit anderer nicht ein. Außerdem schließt die Freiheit der Erfüllung offensichtlich die »Freiheit zu wissen« ein. Wir können feststellen, daß Erfüllung ein reiches Leben in der Familie und in der Gesellschaft bedeutet, mit geliebten Menschen und Freunden, vielleicht in Organisationen, die der Kultur, dem Gottesdienst, der Arbeit und auch der Erholung dienen. Es ist die offene Gesellschaft Poppers.

Wie können wir es anfangen, unsere Gesellschaft so zu gestalten, daß wir nicht nur die Freiheiten bewahren, die wir schon haben, sondern sie auch noch vermehren, damit allen Menschen ein erfülltes Leben zuteil werde und wir eine Ordnung schaffen, in der die mannigfaltigen Reichtümer der menschlichen Persönlichkeit sich manifestieren? Das sollte die zentrale politische Aufgabe dieses Zeitalters sein. Es genügt jedoch nicht, günstige Möglichkeiten zu schaffen. Jeder Mensch sollte aus eigenem Willen danach streben, das beste aus diesen Möglichkeiten zu machen. Freiheit schließt nicht nur Rechte, sondern auch Pflichten ein. Wir haben kein unbeschränktes Recht auf Freiheit. Wir haben nur insofern ein Recht auf Freiheit, als wir die entsprechenden Pflichten erfüllen, nämlich die Freiheit, die wir schon haben, zu achten und ihr gemäß zu leben. Die Freiheit der Erfüllung macht es zum Beispiel notwendig, daß wir uns fortschreitend die Fülle des persönlichen Lebens und der geistigen Freiheit erobern. So ist es einleuchtend, daß wir nie einen statischen Zustand der Freiheit erreichen können. Freiheit ist dynamisch in dem Sinne, daß wir stets nach ihr streben müssen, um uns das zu erhalten, was wir haben. Der Mißbrauch unserer Freiheit gefährdet sie. Wir gefährden zum Beispiel die Redefreiheit, wenn wir sie dazu benutzen, irreführende, unverantwortliche und provokative Aussagen zu machen. Das Recht auf Redefreiheit setzt die Pflicht zur Ehrlichkeit und Offenheit voraus.

Unsere Welt steht am Scheideweg. Es gibt nur zwei alternative Ordnungen, auf die wir zugehen können.

Der eine Weg führt zu der zentralisierten Planung des absolutistischen Sklavenstaates. In der Vergangenheit konnte eine private und persönliche Lebenssphäre oft unberührt von absolutistischer Tyrannei überleben, denn der Despotismus befaßte sich größtenteils mit Staatsangelegenheiten. Bei der heutigen effizienten Kommunikation und Organisation ist das nicht mehr möglich. Absolutistische Regierungen können sich nur stabilisieren, wenn sie jeden Widerstand ausschalten, bevor er sich organisiert. Geheimpolizei, Konzentrationslager, Hochverratsprozesse und Massenpropaganda sind die unvermeidlichen Begleitumstände. Der moderne Absolutismus muß total sein und den Menschen selbst in seinem persönlichen und privaten Leben versklaven. Er muß eine Tyrannei darstellen, die charakterisiert ist durch Zwang, Terror und die Kollektivierung jedes Lebensbereiches. Solche Sklavenstaaten können sehr stabil sein.

Der andere Weg führt durch eine kontinuierliche Entwicklung zu einer Ordnung der Freiheit und moralischen Verantwortung jedes Menschen. Es wird eine Ordnung sein, die das Privatleben aller Menschen respektiert und fördert und die in dynamischer Weise von den verantwortungsbewußten und freien Handlungen eines jeden von ihnen abhängt. Auf allen Ebenen dieser offenen

Gesellschaft wird es genügend Spielraum für verantwortungsvolles Handeln geben. Mit anderen Worten: Eine der ersten Rücksichten wird der größtmöglichen Ausdehnung persönlicher Verantwortung gelten. Die freiwillig getroffene moralische Wahl ist es, die die Personalität am vollkommensten ausdrückt und den großen Namen der Freiheit am meisten verdient.

Otto Hahn
Gegen deutsche Atombewaffnung

Nach einer Zeit relativer Ruhe brachte das Jahr 1957 mir und meinen Kollegen harte Auseinandersetzungen mit dem damaligen Bundesverteidigungsminister Franz Josef Strauß. Wir in der Gruppe »Kernphysik« zusammengeschlossenen Wissenschaftler hatten ihn in einem gemeinsamen Brief gebeten, öffentlich zu erklären, daß die Bundesrepublik Atomwaffen weder herzustellen noch zu lagern gedenke. Im Falle seiner Ablehnung wollten wir unseren Brief veröffentlichen. Strauß, sehr aufgebracht über diese »Zumutung«, empfing uns am 29. Januar. Mit scharfen Worten malte er die Schadenfreude aus, die unsere Aktion bei den Sowjets auslösen würde: Wir behinderten seine Bemühungen, Deutschland gegen die Sowjetunion zu stärken, und der Westen würde für unsere Intervention kein Verständnis aufbringen.

Nachdem wir beschlossen hatten, von unserem Vorhaben zunächst Abstand zu nehmen, konnte ich mich am 23. Februar ein zweites Mal mit Herrn Strauß unterhalten. Er vertrat nach wie vor denselben Standpunkt und meinte, die Deutschen könnten den Russen nicht »mit Pfeil und Bogen« gegenüberstehen. Wir dürften zwar keine Atomwaffen herstellen, uns aber auch nicht gegen ihre Lagerung auf deutschem Boden wenden, wenn wir die Sowjetunion an den Verhandlungstisch bringen wollten.

Wir kamen nun endgültig überein, den ursprünglichen Brief nicht zu veröffentlichen, wollten aber offen und frei unsere Meinung äußern, wenn wir gefragt würden. Professor von Weizsäcker hielt zwölf Vorträge über die Entwicklung der Atomenergie und betonte, daß er nicht an der Bombenherstellung mitzuarbeiten gedenke. Er entwarf einen neuen Text, mit dem wir uns an die Öffentlichkeit wenden wollten. Nach der Abstimmung mit den in Frage kommenden Kollegen, die teils spontan, teils nach mehr oder weniger langer Bedenkzeit zustimmten, konnten wir unseren Appell zum 12. April an die drei größten deutschen Tageszeitungen weiterleiten. Und schon am Nachmittag wußte fast jedermann:

»Die Pläne einer atomaren Bewaffnung der Bundeswehr erfüllen die unterzeichneten Atomforscher mit tiefer Sorge. Einige von ihnen haben dem zuständigen Bundesminister ihre Bedenken schon vor mehreren Monaten mitgeteilt. Heute ist die Debatte über diese Frage allgemein geworden. Die Unterzeichneten fühlen sich daher verpflichtet, öffentlich auf einige Tatsachen hinzuweisen, die alle Fachleute wissen, die aber der Öffentlichkeit noch nicht hinreichend bekannt zu sein scheinen.
1. Taktische Atomwaffen haben die zerstörende Wirkung normaler Atombomben. Als ›taktisch‹ bezeichnet man sie, um auszudrücken, daß sie nicht nur gegen menschliche Siedlungen, sondern auch gegen Truppen im Erdkampf eingesetzt werden sollen. Jede einzelne taktische Atombombe oder -granate hat eine ähnliche Wirkung wie die erste Atombombe, die Hiroshima zerstört hat. Da die taktischen Atomwaffen heute in großer Zahl vorhanden sind, würde ihre zerstörende Wirkung im ganzen viel größer sein. Als ›klein‹ bezeichnet man diese Bomben nur im Vergleich zur Wirkung der inzwischen entwickelten ›strategischen‹ Bomben, vor allem der Wasserstoffbomben.
2. Für die Entwicklungsmöglichkeit der lebenausrottenden Wirkung der strategischen Atomwaffen ist keine natürliche Grenze bekannt. Heute kann eine taktische Atombombe eine kleinere Stadt zerstören, eine Wasserstoffbombe aber einen Landstrich von der Größe des Ruhrgebiets zeitweilig unbewohnbar machen. Durch Verbreitung von Radioaktivität könnte man mit Wasserstoffbomben die Bevölkerung der Bundesrepublik wahrscheinlich heute schon ausrotten. Wir kennen keine technische Möglichkeit, große Bevölkerungsmengen vor dieser Gefahr sicher zu schützen.
Wir wissen, wie schwer es ist, aus diesen Tatsachen die politischen Konsequenzen zu ziehen. Uns als Nichtpolitikern wird man die Berechtigung dazu abstreiten wollen; unsere Tätigkeit, die der Tätigkeit der reinen Wissenschaft und ihrer Anwendung gilt und bei der wir viele junge Menschen unserem Gebiet zuführen, belädt uns aber mit einer Verantwortung für die möglichen Folgen dieser Tätigkeit. Deshalb können wir nicht zu allen politischen Fragen schweigen.
Wir bekennen uns zur Freiheit, wie sie heute die westliche

Welt gegen den Kommunismus vertritt. Wir leugnen nicht, daß die gegenseitige Angst vor den Wasserbomben heute einen wesentlichen Beitrag zur Erhaltung des Friedens in der ganzen Welt und der Freiheit in einem Teil der Welt leistet. Wir halten aber diese Art, den Frieden und die Freiheit zu sichern, auf die Dauer für unzuverlässig, und wir halten die Gefahr im Falle ihres Versagens für tödlich.

Wir fühlen keine Kompetenz, konkrete Vorschläge für die Politik der Großmächte zu machen. Für ein kleines Land wie die Bundesrepublik glauben wir, daß es sich heute noch am besten schützt und den Weltfrieden noch am ehesten fördert, wenn es ausdrücklich und freiwillig auf den Besitz von Atomwaffen jeder Art verzichtet. Jedenfalls wäre keiner der Unterzeichneten bereit, sich an der Herstellung, der Erprobung oder dem Einsatz von Atomwaffen in irgendeiner Weise zu beteiligen.

Gleichzeitig betonen wir, daß es äußerst wichtig ist, die friedliche Verwendung der Atomenergie mit allen Mitteln zu fördern, und wir wollen an dieser Aufgabe wie bisher mitwirken.

Fritz Bopp, Max Born, Rudolf Fleischmann, Walther Gerlach, Otto Hahn, Otto Haxel, Werner Heisenberg, Hans Kopfermann, Max von Laue, Heinz Maier-Leibnitz, Josef Mattauch, Friedrich-Adolf Paneth, Wolfgang Paul, Wolfgang Riezler, Fritz Straßmann, Wilhelm Walcher, Carl Friedrich Freiherr von Weizsäcker, Karl Wirtz.«

Mit wenigen Worten: Wir lehnten eine deutsche Atombewaffnung ab. Noch am gleichen Tag warf mir Minister Strauß – sehr erregt – telephonisch einen Bruch unseres am 29. Januar getroffenen Gentlemen-Agreements vor. Ich erwiderte, daß uns die Sorge um unsere Zukunft zu diesem Schritt veranlaßt habe, die aufgrund der letzten Meldungen über die atomare Bewaffnung nicht geringer geworden sei. Auch Bundeskanzler Adenauer äußerte sich im Rundfunk scharf gegen unsere Erklärung, die wir nicht mit ihm abgestimmt hätten.

Am 15. April erhielten wir – Heisenberg, von Laue, von Weizsäcker und ich – vom Bundeskanzleramt telephonisch eine Einladung zu einer Aussprache beim Kanzler für den 17. April. Ich schlug noch zusätzlich Gerlach vor. Von Weizsäcker sagte zu, obwohl er für den vorgesehenen Termin eine Reise in die Schweiz geplant hatte. Heisenberg zögerte noch; er war für den 14. April in München bei Ministerpräsident Högner eingeladen, mußte aber vor allem nach einer unangenehmen Krankheit jede Anstrengung und Aufregung vermeiden. Irgendwelche Meldungen, wonach er plane, in den Bundestag zu kommen und vielleicht Atomminister zu werden, hatten ihn schließlich so sehr erregt, daß er trotz nochmaliger Einladung von Dr. Adenauer am 17. April nicht mit in Bonn war. An seine Stelle trat Professor Riezler.

Uns standen zehn Herren gegenüber: der Bundeskanzler, die Herren Hallstein, Hähnlein, Kilb, Strauß, Rust, Globke, von Eckhardt sowie die Generale Heusinger und Speidel. Zunächst begrüßte uns Dr. Adenauer und hielt eine dreiviertelstündige Rede. Danach berichtete Minister Strauß über die Geschichte unseres Briefes, und schließlich gaben die Militärs mit Hilfe einer Welt- und Europakarte eine Lageeinschätzung. Sei meinten, daß bei den bestehenden Machtverhältnissen Deutschland als Mitglied der NATO nicht ohne Atomwaffen bleiben könne, wenn das Verteidigungsbündnis funktionieren solle. In der nachfolgenden Diskussion kamen auch wir zu Wort, vor allem Weizsäcker und Gerlach.

In einer Pause hielt mir Minister Strauß im Garten eine Standpauke. Was ich angestellt habe, ersähe man ja wohl aus dem »Triumphgeschrei« der Kommunisten. Ich sei ja nun sogar schon zum Ehrenbürger Magdeburgs gewählt worden. Noch einmal versuchte ich, die Gründe darzulegen, die uns zu unserer Warnung veranlaßt hatten: es seien einzig und allein die Erklärungen verschiedener Regierungsmitglieder gewesen.

Nach einem gemeinsamen Mittagessen, bei dem Dr. Adenauer von seinem Persienbesuch erzählte, ging die Aussprache weiter. Herr von Eckhardt legte uns den Entwurf einer inzwischen vorbereiteten Erklärung vor, den wir nach einigen Streichungen und Abänderungen akzeptierten. Der Kanzler las den nun von beiden Seiten genehmigten Text noch einmal vor:

»Am 17. April 1957 fand im Hause des Bundeskanzlers eine Besprechung statt, an der der Herr Bundeskanzler, Bundesminister Strauß, die Staatssekretäre Professor Hallstein, Dr. Rust, Dr. Globke, die Generale Heusinger und Dr. Speidel und die Professoren Gerlach, Hahn, von Laue, Riezler und von Weiz-

säcker teilnahmen. Gegenstand der Besprechung war die weltpolitische und strategische Lage im Atomzeitalter in Verbindung mit der Erklärung der 18 deutschen Atomwissenschaftler vom 12. April 1957. Die Bundesregierung teilt die Besorgnisse, die in der genannten Erklärung zum Ausdruck kommen; sie stimmt mit den Motiven und Zielen der Wissenschaft überein und empfindet volles Verständnis für die Verantwortung, die die Atomwissenschaftler für die Entwicklung in einer Welt der Spannung zwischen Ost und West in sich fühlen.
Der Bundeskanzler und die Herren der Wissenschaft, die an dieser Besprechung teilnahmen, glauben, daß es notwendig ist, mit allen zur Verfügung stehenden Mitteln auf die Regierungen in Ost und West einzuwirken, um zu einem Abkommen über eine allgemeine kontrollierte Abrüstung zu gelangen, die den Menschen auf der ganzen Welt die Furcht vor einem Atomkrieg nehmen könnte. Sie sind sich der furchtbaren Gefahr bewußt, die durch die Entwicklung der Atomwaffen über die Menschheit gebracht wurde, und sind gewillt, jeder ehrlichen Anstrengung, diese Gefahr zu bannen, volle Mitarbeit zu gewähren.
In einer eingehenden Aussprache über die politische und strategische Lage, in der sich die Bundesrepublik, Europa und die Welt befinden, wurde klargestellt, daß die Bundesrepublik nach wie vor keine eigenen Atomwaffen produzieren wird, und daß die Bundesregierung demgemäß keine Veranlassung hat, an die deutschen Atomwissenschaftler wegen einer Beteiligung an der Entwicklung nuklearer Waffen heranzutreten. Die Bundesregierung wird ihre Anstrengungen darauf richten, durch ein Abkommen zwischen allen Mächten eine generelle atomare Bewaffnung der sich in Ost und West gegenüberstehenden Armeen zu vermeiden. Die Atomforscher, die an der Besprechung teilgenommen haben, wünschen zum Ausdruck zu bringen, daß ihr Hauptziel nicht war, nur die Bundesrepublik aus einem allgemeinen Verhängnis herauszuhalten, sondern eine Initiative zu ergreifen zur Abwehr dieses die Welt bedrohenden Verderbens. Sie waren der Meinung, in dem Staat beginnen zu müssen, dessen Bürger sie sind.
Der Bundeskanzler sprach den Wunsch aus, in diesen Fragen mit Vertretern der Wissenschaft in Verbindung zu bleiben und

sie über die Entwicklung auf den genannten Gebieten sowie über die Entwicklung der internationalen Lage auf dem laufenden zu halten. Die Vertreter der Wissenschaft begrüßten den vom Bundeskanzler ausgesprochenen Wunsch.«

Die Erklärung wurde der Presse übergeben. Wir waren mit dem Ergebnis zufrieden – Minister Strauß allerdings weniger –, denn mehr konnten wir nicht erreichen, und unseren Standpunkt hatten wir gehalten.

Hildegard Hamm-Brücher
Nach vierzig Jahren

Wenn wir uns heute immer wieder von neuem bemühen, über unsere Geschichte der *Nach-Hitler-Zeit* nachzudenken, dann sind diese Dokumente [Reden und Interviews von Theodor Heuss] von großer Bedeutung. Denn leider sind die Bemühungen von Theodor Heuss in der Folgezeit nicht mit der gleichen Intensität und Überzeugungskraft fortgesetzt worden. In meiner Erinnerung waren es eher gegenläufige Tendenzen, die in der Zeit des florierenden Wirtschaftswunders den mühsam in Gang gekommenen politischen und moralischen Prozeß der Auseinandersetzung mit dem Nationalsozialismus schon bald überlagerten. Man wollte vergessen und verdrängen, was in deutschem Namen geschehen war, und man tat es auch.

Unter dieser Verdrängung haben junge Deutsche, die wie ich die Nachkriegszeit bewußt als »Nach-Hitler-Zeit« verstehen wollten, sehr gelitten. Wir waren von dieser öffentlichen und privaten Einstellung und dem Ausmaß der konservativen Restauration sehr enttäuscht.

Ich erwähne dies nicht, weil ich meine damalige Enttäuschung besonders herausstellen möchte, sondern weil dies im Laufe der sechziger Jahre immer mehr – vor allem junge – Menschen so empfanden. So wurde das *Ende der Ära Adenauer* – Mitte der sechziger Jahre – zugleich auch der Beginn einer *Zeit des Aufbegehrens* und des Umbruchs. Die bis dahin versäumten gesellschaftlichen Reformen wurden beklagt, Demokratisierung und Chancengleichheit in allen gesellschaftlichen Bereichen gefordert.

Mit den seit 1967 um sich greifenden Studentenunruhen und der Entstehung einer starken außerparlamentarischen Opposition begann der zweite Abschnitt unserer Demokratiewerdung. Es war die gleiche Zeit, in der das heiß diskutierte Buch von Alexander und Margarete Mitscherlich »Die Unfähigkeit zu trauern« der westdeutschen Gesellschaft den Spiegel einer mangelhaften Aufarbeitung der Vergangenheit vorhielt. Das Geschehene war verdrängt, die notwendige Trauerarbeit versäumt worden. Bis zu dieser Zeit waren freiheitliche Veränderungsprozesse nicht erprobt worden. Nun wurden sie in allen Bereichen auf einmal gefordert.

Viele dieser Reformen sind steckengeblieben oder ganz gescheitert. Insgesamt aber haben die Studentenunruhen eine spürbare Fortentwicklung unserer demokratischen Gesellschaft und ihres Selbstverständnisses erbracht. Ich denke an das großartige Engagement ungezählter junger Menschen für Menschenrechte, Frieden und Gerechtigkeit – an die ungezählten großen und kleinen Beispiele für mehr Mitmenschlichkeit, die besonders in den letzten zwei Jahrzehnten neuen demokratischen Lebensformen Auftrieb gegeben haben. Ich denke auch an die vielfältigen ansteckenden Beispiele, die beispielsweise von der Paul-Dierichs-Stiftung im letzten Jahrzehnt zu Recht herausgestellt und ausgezeichnet worden sind.

In die Zeit des demokratischen Aufbruchs fallen auch die Ostverträge und die Bemühungen um Aussöhnung und Entspannung mit den osteuropäischen Staaten. Und ebenfalls in diese Zeit fällt ein 1979 nach langen Kämpfen mit großer Mehrheit gefaßter Beschluß des Bundestages, die *Verjährungsfristen für Naziverbrechen* endgültig aufzuheben – eine der verspäteten, aber wichtigen Konsequenzen aus der Tatsache, daß viele – allzu viele – ungesühnte Naziverbrechen andernfalls nicht hätten weiterverfolgt werden können.

Heute sind es vor allem die nachwachsenden Generationen, die sich mit dieser Hypothek der Unmenschlichkeit, die weiterwirkend auf unserer demokratischen Entwicklung lastet, auseinandersetzen, die den Einsatz der Geschwister Scholl und die Opfer des 20. Juli, den Holocaust und den Rassenwahn (deren Opfer auch Hunderttausende von Geisteskranken wurden) in ihr eigenes demokratisches Engagement stärker aufnehmen, als ihre Väter und Großväter dies getan haben. Dazu möchte ich sie ausdrücklich ermutigen!

Gerade erst das Datum des 40. Jahrestages des Kriegsendes und der Befreiung von der Nazidiktatur – von der wir uns nicht aus eigener Kraft befreien konnten – hat die alten schmerzhaften Wunden wieder aufbrechen lassen. Neuerlich ist offenkundig geworden, wie wichtig und unverzichtbar die Aufarbeitung und Auseinandersetzung mit unserer Geschichte zur Gestaltung unserer Gegenwart und Zukunft sind.

Kluge Zeitgenossen haben den 8. Mai 1985 einen »sperrigen« Gedenktag genannt, und das war er tatsächlich. Einerseits: Die Emotionen und Auseinandersetzungen rund um das Besuchsprogramm des amerikanischen Präsidenten, um das Motto des Schlesiertreffens »Schlesien bleibt unser«, um die sogenannten Kameradschaftstreffen der SS und die Strafbarkeit der Leugnung der Judenvernichtung (Auschwitz-Lüge). – Andererseits: Die große Rede des Bundespräsidenten, die in der geistigen Nachfolge von Theodor Heuss stand, und die begeisterte, ja krampflösend und befreiend wirkende Zustimmung hierzu.

Aber auch die lauten und leisen Kritiker dieser Rede oder die Kritik an denen, die sich zustimmend auf sie berufen, sind symptomatisch für die »Sperrigkeit«.

Gerade diese oft erschreckende Diskrepanz zwischen Anspruch und Wirklichkeit dieses Datums hat mir bewußt gemacht, daß die »Sperrigkeit« des 8. Mai nicht nur in seiner *historischen Dimension* liegt (das heißt in der unterschiedlichen Beurteilung jener Ereignisse vor vierzig Jahren), sondern daß diese »Sperrigkeit« vor allem auch eine *aktuelle Dimension* hat.

Ist es uns überhaupt bewußt geworden, welche fundamentalen Gegensätze zwischen der politischen Botschaft unseres Staatsoberhauptes einerseits und den politischen Manifestationen eines neu-alten Rechtskonservativismus andererseits bestehen? Und erweist sich an diesen Gegensätzen nicht auch, daß wir nicht nur noch keineswegs im reinen sind mit den Lehren aus unserer Geschichte, sondern auch weit entfernt von einem gemeinsamen Fundament unserer demokratischen Kultur für heute und morgen?

Hier richtet sich das Fragezeichen auf – unübersehbar und sperrig –, wenn wir darüber nachdenken, wie gefestigt unsere Demokratie nach vierzig Jahren ist. Ihre Schwachstellen liegen genau da, wovor Theodor Heuss schon damals gewarnt hat: in den fortwirkenden Folgen einer nicht erkämpften, auf den Trümmern eines Unrechtsstaates errichteten Demokratie, deren *Defizite an menschlicher und politischer Glaubwürdigkeit* nie ganz abgebaut wurden und aus deren Überresten immer wieder neue entstanden sind und entstehen.

Vor allem müssen wir uns demzufolge vor Widersprüchen zwischen politischen Postulaten einerseits und praktischem Verhalten andererseits hüten, denn diese Widersprüche erzeugen, erhalten und vermehren die politischen und menschlichen Glaubwürdigkeitsdefizite. Sie richten den eigentlichen Flurschaden in unserer politischen Kultur an! In diesen unaufgearbeiteten Zusammenhängen liegt übrigens auch der Schlüssel zum unnatürlich verkrampften Generationenkonflikt, den wir seit den sechziger Jahren mit uns herumschleppen: Es reicht eben nicht aus, die Irrtümer, Versäumnisse und schuldhaften Verstrickungen unserer Geschichte an sperrigen Gedenktagen mehr oder weniger verlegen zu artikulieren. Wir müssen vielmehr in unserem politischen Denken, Handeln und Verhalten *menschlich glaubwürdig* sein, und das bezieht sich auf unsere unteilbare Verantwortung für Vergangenheit, Gegenwart und Zukunft gleichermaßen. Unsere demokratische Ordnung wird so lange nicht endgültig gefestigt sein, als wir das nicht leisten – nämlich sie mit glaubwürdigem Menschentum zu erfüllen.

Bundespräsident Richard von Weizsäcker hat dies zu Recht angemahnt, als er sagte, daß »das eigene historische Gedächtnis als Leitlinie für das eigene Verhalten in der Gegenwart und für die ungelösten Aufgaben, die auf uns warten«, genutzt werden müsse. Dann fuhr er fort:

»Wir Älteren schulden der Jugend nicht die Erfüllung von Träumen, sondern Aufrichtigkeit. Wir müssen den Jüngeren helfen zu verstehen, warum es lebenswichtig ist, die Erinnerung wachzuhalten. Wir wollen ihnen helfen, sich auf geschichtliche Wahrheit nüchtern und ohne Einseitigkeit einzulassen, ohne Flucht in utopische Heilslehren, aber auch ohne moralische Überheblichkeit.«

Hier liegt der Schlüssel nicht nur dazu, die Kontaktsperre zu nachwachsenden Generationen zu ent-sperren, sondern auch den Zugang zu unserem eigenen demokratischen Selbstverständnis zu öffnen und damit zur Begründung einer demokratischen Kultur.

Werner Heisenberg

Carl Friedrich von Weizsäcker *

Wer Carl Friedrich von Weizsäcker seit seiner Kindheit gekannt hat, weiß, daß im Zentrum seines Interesses von Anfang an die Philosophie gestanden hat; damit ist gemeint: das Nachdenken über jene vor aller Wissenschaft stehenden allgemeinen Probleme, bei denen sich die Frage nach der Möglichkeit rationaler Analyse, nach den Grenzen dcs rationalen Denkens immer wieder von neuem stellt. Sein Interesse für Politik und Naturwissenschaft aber stammt aus dem Elternhaus und aus der Begegnung mit Freunden. Zwei entscheidende Veränderungen unserer Welt, die Entstehung der modernen Atomphysik und den Zusammenbruch der alten europäischen Ordnung, hat er als Schüler oder junger Student aus unmittelbarster Nähe miterlebt. Seine Studienzeit in Leipzig, Kopenhagen, Göttingen und Berlin verbrachte von Weizsäcker in Zentren der modernen Atomphysik, er war Assistent am Kaiser-Wilhelm-Institut für Chemie, als Otto Hahn dort die Uranspaltung entdeckte und damit die Grundlage der ganzen modernen Atomtechnik schuf; er war Zeuge der verzweifelten, aber vergeblichen Bemühungen seines Vaters, der damals Staatssekretär im Auswärtigen Amt war, die deutsche Regierung vom Weg in den Abgrund des totalen Krieges, den Hitler eingeschlagen hatte, noch in letzter Minute zurückzuhalten.

Es war eine merkwürdige Fügung des Schicksals, daß sich in einer dramatischen Epoche unserer Geschichte diese drei Problemkreise: Naturwissenschaft, Politik und Philosophie, durchdrangen und gewissermaßen verdichteten zu der Frage, ob man Atomwaffen herstellen könnte oder sollte. Diese Frage stand ausdrücklich oder unausgesprochen im Zentrum vieler Diskussionen,

---

* Zur Verleihung des Friedenspreises des Deutschen Buchhandels am 13. Oktober 1963 in der Paulskirche in Frankfurt.

die der eben erst dreißigjährige von Weizsäcker während des Krieges zu führen hatte. Und wenn auch die äußeren Umstände den deutschen Physikern diese Entscheidung damals glücklicherweise ersparten, da das deutsche Rüstungspotential für die Herstellung von Atombomben nicht ausgereicht hätte, so hat von Weizsäcker doch wohl mehr als die meisten anderen über die vielschichtigen und schwierigen Probleme nachgedacht, die sich aus der Frage – nicht nur bei uns in Deutschland – entwickeln mußten. Es ist leicht einzusehen, daß die naive Antwort: »für die gute Sache darf man Atombomben herstellen und einsetzen, für die schlechte nicht«, kaum für die Bewältigung der gestellten Aufgabe ausreicht. Wer seine Handlungen bei Entscheidungen von solcher Tragweite nicht nur von einem momentanen Impuls bestimmen lassen will, muß sich also nach zuverlässigeren Kriterien umsehen. In der Zeit nach dem Kriege hatte von Weizsäcker Gelegenheit, mit Menschen sehr verschiedener Art über die Folgen der atomaren Waffentechnik zu sprechen; mit Pazifisten, die an den endlichen Sieg des Guten im Menschen glaubten, mit Skeptikern der Politik, die nur den Kalkül über das wahrscheinliche Verhalten von Menschen in Notsituationen gelten lassen wollten, mit seinem Freunde Eduard Teller, der einst als Leipziger Student gemeinsam mit ihm an atomphysikalischen Problemen gearbeitet und der inzwischen die entscheidenden Ideen zur amerikanischen Wasserstoffbombe entwickelt hatte, und mit dem großen Philosophen und Physiker Niels Bohr, der nach dem Ende des Krieges die amerikanische Regierung dazu bestimmen wollte, die Methoden zur Herstellung von Atombomben zu veröffentlichen, um nicht unnötiges Mißtrauen zu säen.

Diese Gespräche haben bei von Weizsäcker erst im Lauf der Jahre zu Schlußfolgerungen geführt, die sich dann in Aufsätzen oder auch in politischen Aktionen niederschlugen. Man wird an dieser Stelle vielleicht fragen, was denn die Probleme der Atombewaffnung mit Philosophie zu tun haben können. Die Philosophie bewegt sich doch in einem geistigen Raum, der vor dem Lärm der Tagespolitik, den Interessenkämpfen oder militärischen Überlegungen so weit wie möglich geschützt werden sollte; die atomare Bewaffnung hat gerade mit der brutalsten Form dieser Auseinandersetzung um die Macht zu tun. Hier ist aber zu bedenken, daß durch die atomare Bewaffnung die Naturgewalten in einem solchen Ausmaß zum Kampf zwischen Völkern eingesetzt werden können, daß mit ihrem Einsatz wahrscheinlich alle die Werte verlorengehen, um derentwillen der Kampf geführt werden sollte.

Es wird uns also nicht erspart, an dieser Stelle darüber nachzudenken, was denn eigentlich auf dieser Erde die letzten Werte seien; und das ist ein Problem der Philosophie. In früheren Zeiten konnte man mit Recht sagen, daß das Leben des Einzelnen nicht der letzte Wert sei, daß es höhere Werte gebe, um derentwillen auch dieses Leben geopfert werden müsse. Aber gibt es Werte, um derentwillen das Leben der Menschheit oder großer Teile der Menschheit geopfert werden muß? Zu dem Grundsatz »fiat justitia, pereat mundus« wird man sich wohl kaum bekennen können, wenn er als unmittelbare Realität gemeint ist. Carl Friedrich von Weizsäcker hat versucht, mit dem Rüstzeug des Philosophen und Naturwissenschaftlers und mit den Erfahrungen erlebter Politik diese harten Fragen weiter zu durchdenken, als dies sonst üblich ist.

Er hat sich nicht berechtigt gefühlt, daraus Vorschläge für die große Welt draußen herzuleiten. Gerade weil ihm der Bereich der Politik nicht fremd ist, wußte er, daß solche Vorschläge einem Angehörigen einer eben besiegten Nation nicht zustehen und nichts Gutes bewirken könnten. Aber er hat sich für verpflichtet gehalten, als Bürger seines eigenen Landes nach Möglichkeit dafür zu sorgen, daß in diesem Land so gehandelt werde, wie es seinen sorgfältigen Überlegungen entsprach. Daher hat er seinerzeit die Initiative ergriffen zu der Göttinger Erklärung der 18 Atomphysiker, die die Frage der atomaren Bewaffnung der Bundesrepublik zu einem Gegenstand der freien, öffentlichen Diskussion werden ließ. Er hat an dieser Stelle sicher dazu beigetragen, daß falsche Urteile korrigiert wurden. Von Weizsäcker hat später noch einmal durch eine nicht unmittelbar für die Öffentlichkeit bestimmte Erklärung zusammen mit Gleichgesinnten versucht, unangenehme Fragen unserer Innen- und Außenpolitik zum Gegenstand des Gesprächs in Kreisen des Bundestages zu machen, also dafür zu sorgen, daß sich wenigstens in der Volksvertretung eine echte, ernsthaft überlegte Meinung zu solchen Fragen bildet. Daß ihm auch für diese Bemühungen der Friedenspreis des Deutschen Buchhandels verliehen wird, zeigt zu unserer Freude, wie sehr er mit seinen

Gedanken Resonanz in weiteren Kreisen gefunden hat. Diese Resonanz beruht dabei zu einem erheblichen Teil auf der Kunst der sprachlichen Formulierung, über die von Weizsäcker in hohem Maß verfügt und in der die Schulung an der großen philosophischen Weltliteratur und an der Präzision der Naturwissenschaft ebenso wie die diplomatische Tradition der Familie deutlich zu spüren sind. Auch in seiner Sprache stehen die drei Interessengebiete: Philosophie, Politik und Naturwissenschaft in einem ständigen Wechselspiel.

Karl Jaspers
Die moderne Arztpersönlichkeit

Versuchen wir zum Abschluß einen Blick auf die Idee einer solchen modernen Arztpersönlichkeit.

Wer möchte sagen, wie der Arzt sein soll! Das Ideal ist jedenfalls nicht so einfach, wie das zu Anfang gezeigte der vernünftigen Gemeinschaft mit dem Kranken, sondern steht auf dem Grund der Erfahrungen alles Versagens, der Kranken und seiner selbst.

Der Arzt wird ein Wissender. Er sieht die Grenzen des Menschen, seine Ohnmacht, sein unendliches Leiden. Er sieht die Geisteskrankheiten, diese furchtbare Tatsache unseres Menschendaseins. Er steht täglich vor dem Tode. Von ihm wird erwartet, nicht nur, was er leisten, sondern auch, was er nicht leisten kann. Die Welt verlangt von ihm jede Hilfe, und sie verlangt noch mehr. Sie möchte vergessen, möchte einen wohltätigen Schleier über das Unheil, möchte die Selbsttäuschungen der gequälten Kreatur. Der Arzt kommt dem Nichtwissenwollen entgegen. Schweigen in seinem menschenfreundlichen Sprechen, Zulassen der Unwahrheit, ja, ein Verhalten, das wie eine Verleugnung der Gefahr, wie ein Ausreden des Todes aussehen kann, muß er – widerstrebend – vollziehen.

Er täuscht sich nicht über die Wirklichkeit des Schrecklichen, aber hält es für sinnvoll, in seinem Berufe vernünftig zu tun, was zur Hilfe für leidende und sterbende Menschen möglich ist, auch wenn es verschwindend scheint im Strom des Unheils. Er verbindet die kleine Wunde, während durch Menschen ständig größere gerissen werden. Er sorgt für die Erhaltung des einzelnen Lebens, während Leben in Millionen durch Menschen vernichtet wird.

Eine Haltung der scheinbaren Unbetroffenheit braucht gerade der Arzt, welcher der ergriffenste ist. Er gewinnt die Kühle im Zusehen, auch in der eigenen Gefahr. Mancher große Arzt bewährte sich, indem er die eigene Krankheit beobachtete und erkannte in Ruhe bis zum Tode. Dieser Ruhe entspringt das Sehen, das eindringt, ohne durch Tränen die Klarheit des Blickes zu verlieren – ihr wird das Operieren möglich, das die Hand nicht zittern läßt. Es ist ein hoher Anspruch, daß in der Kühle das Herz wach bleibt.

Der Arzt sieht die Grenzen seines Könnens. Er kann den Tod nicht abschaffen, wenn er heute auch das Leben in einer noch nie dagewesenen Weise zu verlängern vermag. Er kann die Geisteskrankheiten nicht abschaffen, wenn er auch in bestimmten Fällen zu helfen vermag. Er kann das Leiden nicht abschaffen, wenn er es heute auch über alle früheren Maße hinaus zu lindern vermag. Trotz aller Erfolge ist dem Arzt fühlbarer, war er nicht kann, als das, was er kann.

Es gehört zu seinem Wesen, menschenfreundlich zu handeln, auch wo er nicht heilen kann, und noch dem hoffnungslosen Kranken beizustehen. Der Arzt bringt dem Geisteskranken eine Gesinnung entgegen, die ihm gebietet, dem Unglücklichen, den er nicht gesund machen kann, noch das Maximum von Lebensmöglichkeit zu geben, in ihm noch den Menschen zu ehren.

Sein Beruf ist ein Beruf ständiger Enthüllungen. Der Arzt muß anders werden, wie Menschen sonst sind. Die Verführung angesichts all des Grauens ist groß:

Er kann zum Skeptiker werden, der alles Unheil und alle Schwächen sieht und am Ende Zyniker wird aus Ekel.

Er kann Naturalist werden, der nichts sieht als das kausale Geschehen, die Erbarmungslosigkeit der Natur und das Unverhoffte der zufälligen Wendungen, das ständige Werden und Vergehen, in dem jeder Einzelne völlig gleichgültig ist.

Er kann ein Ungläubiger werden: Es gibt nichts anderes als diesen endlosen Kreislauf des Elends. Wenn er alle die für eine harmonische Weltanschauung unbequemen Tatsachen sieht, so kann ihm die Gottheit verschwinden.

Skepsis, Naturalismus, Glaubenslosigkeit sind die inneren Gefahren, vor denen vielleicht jeder Arzt gestanden hat. Wie er sie überwindet, das erst macht die Tiefe seines menschlichen Blikkes, die Energie seines Hoffens, seine Leidenschaft trotz allem, von der man sagen kann: Noch am Grabe pflanzt er die Hoffnung auf.

Dann bleibt er unbeirrbar durch die Schrecken, im Vertrauen zu einem unbedingten Grunde, aus dem jede Hilfe unter Menschen, jeder Akt der Liebe, schon bloßer Menschenfreundlichkeit ein unersetzliches Gewicht hat.

Dann vermag der Arzt zu ertragen, daß die Skepsis sein Lebenselement bleibt, das nicht zerstört, sondern vor Täuschungen bewahrt, der Naturalismus, soweit er die Realitäten sehen lehrt, die Glaubenslosigkeit, sofern er jeden magischen, abergläubischen Glauben fallen läßt.

Aber daß er sein Wissen um die Entschleierungen des Menschen so oft allein tragen soll, kann ihn zur Menschenverachtung verführen. Nur wenn er seine ursprüngliche Güte bewahrt und das Wissen um den Bruch des Menschseins selbst, damit um seine eigene Hinfälligkeit und das eigene Ungenügen, vermag er auch dieser Gefahr eines ruinösen Überlegenheitsgefühls zu entgehen.

Daher gewinnt der Arzt erst auf Grund seiner ständigen Selbsterhellung mit der Distanz zu sich selbst und zum Kranken zugleich seine Reife.

Berühmt ist der Satz des Hippokrates: »Iatros philosophos isotheos.« Der Arzt, der Philosoph wird, wird einem Gotte gleich. Damit ist nicht etwa der philosophisch bloß Lehrende gemeint, sondern der handelnde Arzt, der mit seinem Arztsein denkend unter ewigen Normen im Strom des Lebens Philosoph ist – das ist schwer. Es kann über seine Seele wohl unbemerkt ein Schleier sich legen angesichts von allem, was er in Kauf nehmen muß: Das schließliche Nichtkönnen bei seinem grenzenlosen Willen, zu helfen, die Ohnmacht vor so vielem Schrecklichen, das Schweigen, um den Trug der Selbsttäuschung nicht anzutasten (da er die rettende Gnade des Glaubens nicht zu geben vermag), das Nichtwissen im Ganzen, das ihm verwehrt, Heiland zu sein, als den so viele Kranke heimlich ihn begehren.

Das Höchste, was ihm hier und da gelingt, ist, Schicksalsgefährte zu werden mit dem Kranken, Vernunft mit Vernunft, Mensch mit Mensch, in den unberechenbaren Grenzfällen einer zwischen Arzt und Kranken entstehenden Freundschaft.

Dann darf man fragen, ob nicht die ärztliche Persönlichkeit auf eine legitime Weise selber zu einer heilenden Kraft wird, ohne Zauberer oder Heiland sein zu müssen, ohne daß Suggestion, ohne daß irgendeine andere Täuschung vorliegt. Die Gegenwart einer Persönlichkeit, in ihrem Willen zum Helfen einen Augenblick ganz für den Kranken da, ist nicht nur unendlich wohltuend. Das Dasein eines vernünftigen Menschen mit der Kraft des Geistes und der überzeugenden Wirkung eines unbedingt gütigen Wesens weckt im anderen, und so auch im Kranken, unberechenbare Mächte des Vertrauens, des Lebenwollens, der Wahrhaftigkeit, ohne daß darüber ein Wort fällt. Was der Mensch dem Menschen sein kann, erschöpft sich nicht in Begreiflichkeiten.

Entscheidend ist der Arzt, dem sein ärztliches Wesen wie ein Geschenk des Himmels zuteil wurde. Die ärztliche Persönlichkeit ist das nie zu Fordernde, nie zu Planende. Sie ist das, wodurch die lernbaren therapeutischen Mittel erst ihre Führung haben. Ich glaube, wir alle kennen solche Ärzte, und in jedem Arzt, der sich zu seinem Berufe geboren weiß, ist solches wirksam.

Arthur Kaufmann
Feindbilder

Das führt zu einem neuen Stichwort: *Angst*. Die Menschen, die Völker haben Angst voreinander. Das ist unbezweifelbar. Fraglich hingegen ist, was solche Angst bewirkt. Fördert sie den Frieden, oder vergrößert sie die Gefahr eines Krieges? Die Antwort kann nicht ja oder nein lauten. Die Wirkung der Angst ist ambivalent.

Für Thomas Hobbes sind das Recht und der darauf gegründete Friede ein Angstprodukt. Hobbes sieht den Menschen als ein von Natur asoziales Wesen, als einen Egoisten. Der Naturzustand ist die schrankenlose Freiheit, jeder besitzt »ein Recht auf alles, die anderen Menschen selbst nicht ausgenommen«. Da aber alle Menschen dieselben unbeschränkten Freiheiten haben, besteht im Naturzustand ein Krieg aller gegen alle (»bellum omnium contra omnes«), ist jeder dem anderen ein Wolf (»homo homini lupus«). Jeder hat daher vor dem anderen Angst. Aus diesem Grund und weil er einsieht, daß ein schrankenloser Gebrauch seiner urtümlichen Freiheit zu seiner Selbstvernichtung führen müßte, erscheint es ihm vernünftig (wir sind im Zeitalter des Vernunftrechts), den Frieden zu suchen, soweit dies möglich ist. Auf diese Einsicht gründen sich Recht und Staat, aus Angst leben die Menschen friedlich miteinander – soweit es eben geht. Gewiß ist das eine recht einseitige Betrachtungsweise, und die späteren Naturrechtslehrer haben sie auch modifiziert, doch auch noch bei Pufendorf zum Beispiel spielen die Hilflosigkeit und die Angst des Menschen für die Begründung von Recht und Frieden eine bedeutsame Rolle.

Soll man also die Ängste der Menschen – die »Angst vor den Russen« – um des Friedens willen schüren? Das wäre ein bedenkliches Rezept. Natürlich gibt es heute gute Gründe für die Angst. Die begründete »Angst ums Überleben« ist ja auch das entscheidende Motiv für die europäische Friedensbewegung, nicht ein essentieller Antiamerikanismus und schon gar nicht eine pro-sowjetische Entwicklung, primär nicht einmal ein Neutralismus (Carl Friedrich v. Weizsäcker). Aber die Angst hat eine Kehrseite. Hoimar v. Ditfurth spricht von einer uns allen angeborenen »Asymmetrie des Angsterlebens«. »Zwischen der Angst, die ich an mir selbst erlebe, und der Angst eines anderen, von der ich lediglich weiß, klaffen Welten... Die Situation, in der ich mich befinde, wenn ich mir mit noch so großer Phantasie vorstelle, ein Zahnarzt bohre mir auf dem Nerv, und die Situation, in der er das wirklich tut, haben trotz äußerlich deckungsgleicher Übereinstimmung in Wahrheit kaum etwas miteinander gemein. In dem gleichen Sinne ist stets auch nur die eigene Angst real. Die Angst eines anderen bleibt ihr gegenüber ein blasser Schemen. Daher erlebt jeder von uns die Rakete in der Hand des Gegners unmittelbar als lebensbedrohendes Potential. Die Fähigkeit jedoch, die angstauslösende Wirkung realistisch einzuschätzen, die von der gleichen Rakete in der eigenen Hand ausgeht, ist in der menschlichen Psyche fatal unterentwickelt.« Es ist daher nicht richtig, wenn man das *erlebte* Bedrohtsein einfach mit dem *realen* Bedrohtsein identifiziert und dann beispielsweise mit »Nachrüstung« reagiert. Und darum kommt es auch, anders herum betrachtet, nicht darauf an, was die USA wirklich vorhaben, also daß sie tatsächlich keinen Angriff auf die Sowjetunion planen, entscheidend für unser Verhalten muß sein, was auf sowjetischer Seite für möglich gehalten wird. Dabei sollte man sich auch immer der Tatsache eingedenk sein, daß in die USA noch nie von anderen Ländern ein Krieg getragen worden ist, daß ins russische Land dagegen fremde Heere schon zu wiederholten Malen tief eingedrungen sind.

Der Rüstungswettlauf resultiert wesentlich aus der Angst, die andere Seite könnte eine nicht mehr einholbare Überlegenheit erreichen. Und aus dieser Angst könnte eines Tages auch die Bereitschaft erwachsen, auf die Gefahr – womöglich nur eine vermeintliche Gefahr – zu reagieren, im schlimmsten Fall durch den Einsatz von Atomwaffen. Wenn es zu einem atomaren Präventivkrieg kommen sollte, würde er sehr wahrscheinlich aus sowjetischer Angst heraus ausgelöst. Und noch eines. Wer die von v. Ditfurth aufgezeigte Asymmetrie des Angsterlebens nicht sieht, nicht wahrhaben will, wird mit innerer Logik in Schuldzuweisungen einen Ausweg suchen: in der Produktion von Feindbildern. In diesem Sinne hat Alt recht, wenn er in der Angst die Ursache aller Feindbilder sieht (1985, S. 23).

Man muß also der Angst eine andere Zielrichtung geben, damit sie zu einer »produktiven Kraft« im internationalen politischen Aktionsfeld wird, damit sie als »Motivationstrieb zum Abrüsten und zur Verständigung« wirksam werden kann (Kogon, S. 114f.). »Produktive Angst«, das ist eine Losung, die viele heute aufgreifen (z. B. Richter, S. 117ff.; Begemann, S. 130). Nur ist freilich auch hier wieder die Frage, wie man das in die Realität umsetzen kann. Die Diagnose ist auch hier einfacher als die Therapie.

Oben ist ein weiteres Stichwort gefallen: *Feindbilder*. Die Angst erzeugt Feindbilder, sagten wir. Aber nicht nur sie. Vielleicht mehr noch ist es die »Versuchung des Absoluten«, die *Beanspruchung der ganzen Wahrheit, des alleinigen Gutseins*, woraus die mörderischen Freund-Feind-Abgrenzungen hervorgehen. Dabei ist die Indoktrinierung von solchen Feindbildern wie: böse ist *der* Russe, *der* Amerikaner, *der* Deutsche, *der* Jude... ein ganz unentbehrliches Mittel, um den Tötungswillen der Menschen zu motivieren. Deshalb reagieren die Rüstungspolitiker auch so argwöhnisch, wenn davon die Rede ist, daß Feindbilder abgebaut werden sollen. Warum auch soll man gegen Menschen kämpfen, sie töten, wenn diese »so gut oder so böse sind wie wir selbst«? (Richard v. Weizsäcker). Von sich aus hassen die Menschen der verschiedenen Völker einander meist überhaupt nicht, wenn sie sich persönlich kennenlernen, jedenfalls hassen sie sich nicht auf den Tod; wer in Rußland war oder in Amerika, wird finden, daß die Menschen dort nicht anders sind als wir alle. Es sind nicht die Völker als solche, es sind die Führer der Völker, ihre Regierungen, die, durch die Macht korrumpiert, Feindschaft säen und schüren. Im Juli 1984 hat der damalige sowjetische Verteidigungsminister Ustinow in Archangelsk gesagt: »Den sowjetischen Menschen muß mit noch größerer Hartnäckigkeit Liebe zur Heimat, Haß gegen ihre Feinde, hohe Wachsamkeit und ständige Bereitschaft zu Heldentum anerzogen werden« (nach einem Pressebericht). Das ist schlimm – aber der Russen- und Kommunistenhaß, der bei uns im Westen angeheizt wird, ist kaum besser. Eigentlich sollten gerade wir Deutschen wissen, was geschehen kann, wenn kollektive Aggressionen und Feindbilder aufgebaut werden, wenn die Begeisterungsfähigkeit der Menschen schamlos zu verwerflichen Zwecken mißbraucht wird. Wer zur Zeit der Diktatur schon bewußt am Leben teilnahm, wird sich erinnern, wie damals die Indoktrinierung von Feindbildern betrieben wurde, wie die Menschen berieselt wurden, bis ihnen ein »heiliger Schauer« über den Rücken lief. Ganz so ist es heute gewiß nicht mehr. Aber ist das unaufhörliche Geschwätz vom imperialistischen Monopolkapitalismus auf der einen und von dem die freiheitlich-demokratische Grundordnung zersetzenden Kommunismus auf der anderen Seite nicht doch auch Geist von diesem Geist? Und eine Demagogie, die an die Gefühle der kollektiv-aggressiven Begeisterung rührt, war dem Frieden schon immer gefährlich, weil sie zum Krieg bereit macht – und das soll sie ja wohl auch.

Als der Hauptfaktor, der den Frieden bedroht, wird von den meisten die Aggression angesehen. Das gilt auch für den *inneren* Frieden. Hier ist es vor allem ein Umstand: der *Generationenkonflikt*. Natürlich hat es Spannungen zwischen den Generationen immer gegeben. Aber in der heutigen Zeit haben die jungen Menschen einen Abstand zu ihren Eltern und Großeltern, den es in früheren Jahrhunderten nicht gegeben hat. Sie stehen der älteren Generation überaus kritisch, ja oft feindselig, auf jeden Fall aggresiv gegenüber. Sie halten die gesamte in unserer kulturellen Tradition enthaltene Information für entbehrlich. Der Grund für dieses Auseinandertriften der Generationen liegt zweifellos in der Schnelligkeit der Entwicklung unserer technologisch orientierten Kultur. Er liegt aber auch in der Schnelligkeit der Generationenfolge; während früher die Biologen den Abstand der Generationen mit etwa dreißig Jahren bezifferten, wird heute nicht viel mehr als die Häfte veranschlagt. Zwischen diesen Generationen aber wird der soziologische Abstand, der Abstand der Interessen, immer größer. Während nun aber die Generationen einander immer unähnlicher und fremder werden, werden auf der ganzen Erde die Menschen derselben Generation einander immer ähnlicher. Ein deutscher Jugendlicher kleidet sich nicht nur genauso wie ein amerikanischer oder australischer, er fühlt sich diesen auch näherstehend als seinen eigenen Eltern. Das ist natürlich insofern ein Gewinn, als in dem zwischenstaatlichen Kennenlernen der jungen Menschen eine friedensstabilisierende Kraft liegt. Doch die Sache hat auch eine Kehrseite. Wenn auch jede Generation Tradition über Bord werfen muß und die Menge der über Bord zu werfenden

Tradition heute größer ist als je zuvor, so ist es doch keineswegs an dem, daß immer wieder sofort eine neue Kultur bereitstünde. Die heutigen jungen Menschen empfinden insofern ein großes Vakuum. Das Ergebnis ist Sinnentleerung, Verzweiflung, Selbstmord – jedenfalls allemal Aggressionen.

Nun darf man aber auch nicht alles auf die Aggression schieben. Leder ist sogar der Meinung, daß die Aggression bei den Kriegführenden nur eine sekundäre Rolle spiele. Sie sei das Fahrzeug, nicht aber der Treibstoff, der es in Bewegung setzt (S. 51f.). Der »Urgrund der Geschichte« sei das Selbstwertgefühl (S. 96ff.). Kriege werden nach Leder aus *gekränktem Selbstwertgefühl* und damit also zur Steigerung des Selbstwertgefühls geführt. Das ist gewiß auch eine etwas zu einseitige Sicht. Es gab zweifellos Kriege, die nicht so motiviert waren, etwa die Kreuzzüge. Aber meist wird ein gekränktes Selbstwertgefühl eine der Ursachen für die Aggressionen sein, die zum Krieg führen. Vor allem kann, worauf oben schon hingewiesen worden ist, ein mangelndes Selbstwertgefühl die Angst hervorrufen, die einen Präventivschlag auslöst.

Der Diagnose muß die Therapie folgen. Die nukleare Abrüstung ist selbstverständlich ein wichtiger Beitrag zur Sicherung des Friedens, ein ganz unentbehrlicher. Aber er kann und darf nicht alles sein, was wir für den Frieden tun müssen.

Christian Graf von Krockow
Etwas zum Fürchten

Liebe ist konkret oder gar nicht. Ich liebe das Land, in dem ich geboren wurde und aufwuchs: Hinterpommern, das verschwiegene Land östlich der Oder, das heute Pomorze heißt. Ich liebe seine Weite, die sanfte Dünung der Felder, den Wald kieferndunkel und birkenhell, Moore in der Purpurpracht des Blutweiderich und mit Schwärmen von Pferdebremsen, Seen schilfumstanden und libellenüberschwirrt, Chausseen, bis an den Horizont von Jahrhundertbäumen wie zu Torbogen überwölbt.

Oder steigt vielleicht, was unterm Herzen sich einnistete, aus Gerüchen herauf? Heuernte und Kartoffelfeuer, fangfrisch geräucherte Flundern, Spickgänse, Harz und Leim beim Stellmacher, Leder, Heringslake, Minze, gebrannte Mandeln im verwinkelten Dorfladen mit der Aufschrift »Emil Priedigkeit, Kolonialwaren«... Oder geht es um den Klang der Stimmen? Warum nur bin ich gleich zu Hause, wenn jemand im östlichen Tonfall mich auffordert: »Nu jehn Se sitzen«? Sei's, wie es sei: Es ist kein Loskommen von diesem Land – und, seltsam genug, je älter ich werde, desto weniger.

Freilich: »Pommernland ist abgebrannt«, wie der Singsang der Kinder ahnungsvoll sagte. Und nicht bloß das: Als menschliche Prägung, als eine Form des Lebens ist es für immer dahin. Überwucherte Gräber, die Inschriften fast nirgends mehr kenntlich. Schon ist Detektivarbeit erforderlich: Was – genau bitte – gab es bei Emil Priedigkeit zu kaufen? Wie sah das Deputat, die Naturalentlohnung der Gutsarbeiter im einzelnen aus? Wie lange mußte eine Spickgans in der Räucherkammer hängen? Was wuchs im Bauerngarten? Wer hat die Verse noch im Gedächtnis, die beim »Anmähen« und beim Erntefest aufgesagt wurden? Warum war es eine vernichtende Kritik, wenn nach einer Hochzeit gesagt werden mußte: »Es ist nicht genug genötigt worden«? Und so fort und fort. Mit Rilke zu reden: »Wir sind vielleicht die letzten, die noch solche Dinge gekannt haben. Auf uns ruht die Verantwortung, nicht allein ihr Andenken zu bewahren (das wäre wenig und unzuverlässig), sondern ihren humanen und larischen Wert (›Larisch‹, im Sinne der Haus-Gottheiten).«

Dazu versuche ich beizutragen, soviel ich es vermag. Denn wenn es noch Rettung gibt für das, was einmal war, ein Bewahren sogar für die Kinder und Enkel, dann im genauen Erinnern, im anschaulichen Bericht, in erzählter Geschichte.

Zur Genauigkeit des Erinnerns muß allerdings gehören, daß die Ursachen des Untergangs nicht überdeckt, sondern offengelegt werden. Das Unheil begann ja nicht erst im Jahre 1945, nicht mit den Beschlüssen von Jalta oder von Potsdam. Sondern es war längst vorher auf dem Wege. Um eine unscheinbare Geschichte zu erzählen, die – im Oktober 1939 – von meiner ersten Stunde in einer öffentlichen Schule, der Baltenschule zu Misdroy, handelt:

Angespannte Erwartung im Neuartigen und Fremden: Wie wird es sein? Die Lehrerin kommt herein, tritt ans Katheder, möchte reden – und beginnt zu weinen. Weint, minutenlang, bis sie, unter immer neuem Schluchzen, endlich herausbringen kann, was sie sagen will: »Siebenhundert Jahre haben wir in Riga, in Mitau, in Reval gelebt. Und nun müssen alle fort. Die Heimat – die Heimat ist verloren.«

Es handelte sich um eine Frucht des deutsch-russischen Diktatorenpakts, der die baltischen Länder an die Sowjetunion preisgab. Bald kamen in Swinemünde Schiffe mit der Menschenfracht an, für die in Misdroy Hotels beschlagnahmt wurden, bis zum Weiterversand in das Gebiet, das jetzt der »Warthegau« hieß. Dort mußten dann andere den Platz für sie räumen, die Unerwünschten, die jüdischen und polnischen »Untermenschen«. Das Zeitalter des Vertreibens und Flüchtens hatte begonnen. Man nannte es bloß noch nicht so, man sprach von einer »Heimkehr« und von den »Rücksiedlern«.

Schiffe mit der Menschenfracht auf der Ostsee, Flucht und Vertreibung, Radieren auf der Landkarte und auf Ortsschildern, die ihre alten wendisch-slawischen Namen über Nacht ablegen mußten, als seien sie auf einmal mit Schande geschlagen: Hätte man die Flammenschrift an der Wand nicht erkennen müssen? Oder wie war das, als zu Bildern der Wochenschau aus dem Polenfeldzug, zu Bildern ineinander verkeilter Flüchtlingskolonnen, zu zerrissenen

Wagen, Tier- und Menschenleibern, über die der höllische Sturz der Bomben gekommen war, der Sprecher im Triumph und im Frevel verkündete:

»Mit Mann und Roß und Wagen
hat sie der HERR geschlagen!«

Erinnern, Betroffenheit: Auch die Ereignisse des Jahres 1939 bildeten nicht den Anfang des Unheils, ja nicht einmal die von 1933. Warum eigentlich hat keine Partei der Weimarer Republik es je gewagt, die Existenz Polens wirklich anzuerkennen? Warum konnte man das angebliche Diktat, die Abstimmungen und Grenzziehungen der Siegermächte des Ersten Weltkriegs nicht hinnehmen, warum sie nicht als positive Möglichkeit, als Garantie, als Sicherungschance für das Land im Osten nutzen? Oder was signalisierte denn die heimliche Zusammenarbeit zwischen der Reichswehr und der Roten Armee? Zielte sie mit Hintergedanken nicht schon voraus auf eine vierte Teilung Polens? Warum – um dies gleich hinzuzufügen – beharrt man immer auf Verlorenem, nunmehr also auf dem, was man zwischen den Weltkriegen als angebliches »Volk ohne Raum« buchstäblich ums Verrecken nicht hinnehmen wollte: auf einem gespenstergleichen »Fortbestand des Deutschen Reiches in den Grenzen von 1937«?

Fragen über Fragen, Fragen vor Abgründen. Und dann und dazu jetzt auch noch diese: »Lieben Sie Deutschland?«

Die Antwort heißt: nein.

Ich weiß gar nicht so recht, was das ist: Deutschland. Wo kriege ich es zu fassen? Wie sieht es aus, wie riecht es, wie klingt es? »Weder Maas noch Memel«, heißt ein Buch von Wolf Jobst Siedler, mit dem Untertitel »Ansichten vom beschädigten Deutschland«. Aber wo sonst liegt es, wie weit dehnt es sich? Von Aachen bis Helmstedt, bis Görlitz? Oder bis Auschwitz? Ist der Nationalstaat seine typische Gestalt und Bestimmung – ein Staat, den es kaum fünfundsiebzig Jahre überhaupt gegeben hat und dessen Weg in den Abgrund führte?

Manchmal wird auch gefragt: »Sind Sie stolz darauf, ein Deutscher zu sein?« Nicht einmal damit kann ich etwas anfangen. Ist es mein Verdienst, daß Beethoven in Bonn geboren wurde? Oder soll ich stolz sein auf das Land der Dichter und Denker? Aber wenn mir dazu Immanuel Kants Beantwortung der Frage: »Was ist Aufklärung?« einfällt, muß ich doch wohl nach dem Schicksal, dem Elend der Aufklärung in Deutschland fragen – und vom Triumph der Gegenaufklärung sprechen. Wer den Stolz will, kann der Verachtung nicht ausweichen; wer von Goethe redet, darf von Hitler nicht schweigen. Und wenn wir 1985 die Dreihundertjahrfeier des Edikts von Potsdam begehen, stolz auf den Geist der Toleranz in Brandenburg-Preußen, auf das Asyl für die hugenottischen Glaubensflüchtlinge in Hessen-Kassel, dann darf weder die Verfemung, Verfolgung, Exilierung kritischen Geistes im 20. Jahrhundert aus dem Blick geraten noch die Frage, was heute in der Begriffsverschiebung von »Asylsuchenden« zu »Asylanten« sich ankündigt.

Dennoch, trotz allem und ohne Zweifel: Ich bin ein Deutscher. Was das bedeutet, läßt sich mit einem Wort sagen: Verantwortung. Ich trage eine Mitverantwortung für das, was in Deutschland, was im deutschen Namen irgendwo in der Welt geschieht. Unter so vielen und meist abwegigen deutschen Begriffen scheint mir der eine sinnvoll: Verantwortungsgemeinschaft.

Freilich werden politische Begriffe im inflationären Gebrauch meist rasch verschlissen. Auch Verantwortung gibt es entweder konkret oder gar nicht. Darum möchte ich nur von meiner Verantwortung sprechen, wie ich sie verstehe, und dreierlei nennen.

Erstens: Ich bin ein Wort- und Schriftsteller. Die Sprache ist mein Handwerkszeug; mein Beruf gründet darin, mein Leben. Also trage ich Verantwortung für den Gebrauch der Sprache. Ich muß versuchen, sie lebendig, genau und bildkräftig zu bewahren und weiterzugeben. Ich muß ankämpfen gegen das ausgedörrte Bürokraten-Undeutsch, gegen eine angebliche Wissenschaftlichkeit, der über »Relevanz« und »verbaler Interaktion« die Bedeutsamkeit ebenso abhanden kommt wie das Gespräch. Ich schlage mich herum mit dem Drachengetier, dem immer neue Hohlköpfe nachwachsen: mit dem jeweils modischen Jargon der »Anliegen« und der Eigentlichkeit. Jungen Leuten versuche ich zu sagen, daß zu guter Sprache das Vorbild hilft: Lest! Lest Heine, Bismarck, Freud. Und vergeßt nicht den Urquell unserer Sprache, das Buch der Bücher, die Luther-Bibel.

Zweitens: Weil ich aus dem Osten stamme, trage ich Verantwortung für die Versöhnung zwischen Deutschen und Polen. Ich weiß, was Heimat bedeutet – und was ihr Verlust. Heimat, meine ich, stellt in einem ursprünglichen und tiefen Sinne ein Menschenrecht dar. Doch gerade darum darf das »Recht auf Heimat« nicht zum Kampfbegriff verzerrt werden. Die Menschen, die heute in Polens neuem Westen leben, schon in der zweiten und dritten Generation, sind in ihrer Mehrheit dort geboren worden; das Land ist ihre Heimat. Entsprechendes gilt für die Kinder und Enkel der Vertriebenen in der Bundesrepublik. Wer ihnen einreden möchte, sie seien in Wahrheit gar nicht hier, sondern im Osten zu Hause, der schafft ihnen nicht Heimat, sondern zerstört sie. Denn als die innere Sicherheit und Selbstverständlichkeit des Zugehörigseins wird Heimat mit jedem Menschen neu geboren, wie sie auch mit jedem Menschen stirbt. Man kann sie nicht abstrakt »vererben«.

Wir müssen also erkennen, daß eine unwiderrufliche Entscheidung gefallen ist. Grenzen verhärten und verschließen sich, wenn man sie antastet. Sie können zu Brücken werden, wenn man sie anerkennt. Das ist eine alte und immer neue Erfahrung; sie wurzelt im schlechthin Menschlichen. Unsicherheit weckt die Angst und macht aggressiv; innere und äußere Sicherheit dagegen ermöglicht die Offenheit und den Austausch. Wenn wir daher das Land im Osten wirklich lieben, wenn wir dorthin so unbefangen reisen wollen, wie wir entsprechend unbefangen aufgenommen werden möchten, dann setzt dies voraus, daß über die Grenzen gar nicht mehr gesprochen werden muß, weil sie sich von selbst verstehen. Und warum dann nicht an der polnischen Ostseeküste oder an den Seen Masurens die Ferien verbringen und nach der verbauten Enge daheim die Weite des Landes auf sich wirken lassen, warum mit dem Mittelmeer sich begnügen?

Übrigens, gottlob, hat manches davon sich längst angebahnt. »Wann kommt meine liebe Freundin Frau Albrecht endlich wieder zu Besuch? Wir warten auf sie, ihr Zimmer steht bereit, bitte bestellen Sie ihr das!« Das sagte mir, 1984, eine alte polnische Bäuerin in einem pommerschen Dorf, und sie meinte damit die deutsche Vorbesitzerin ihres Hofes. Doch der »Heimwehtourismus« der älteren, allmählich hinwegsterbenden Generation ist eines, seine Überführung in die Alltagspraxis der Menschen aller Herkünfte und Altersstufen wäre ein anderes.

Im Blick auf die Zukunft aber geht es um das elementar gemeinsame Interesse hüben und drüben, um den Frieden – nicht zuletzt im Interesse der Kinder und Enkel, der kommenden Generationen. Jahrhunderte hindurch haben die Unterschiede der Herkunft, der Sprache, der Nation beim Zusammenleben keine hindernde Rolle gespielt. Sie haben im Gegenteil befruchtend gewirkt. Erst die modernen Wahnvorstellungen führten ins Unheil. Der Wahn kann gebannt werden. Wie die »Erbfeindschaft« zwischen Franzosen und Deutschen ein Spuk war, den niemand mehr begreift, seit er verflogen ist, so sollte sich auch für Polen und Deutsche der Weg zur Gemeinsamkeit finden lassen. Und nur gemeinsam können wir den Frieden sichern, der zur Bedingung des Überlebens geworden ist.

Schließlich, drittens – andeutend nur, weil alles andere ins Weite geriete: Ich war siebzehn Jahre alt, als der Zweite Weltkrieg ans Ende kam. Zu meinen prägenden Erfahrungen gehört das Aufsprengen eines Bannes von Weltanschauung, gehört Skepsis als das buchstäblich Lebensrettende. Aber es gibt, so scheint es, einen unbändigen deutschen Drang zum Positiven, zum schlechthin Idealen, eine unwiderstehliche Versuchung des Absoluten. Es gibt einen abgründigen Unwillen oder gar eine Unfähigkeit, das Leben und die Lebensumstände hinzunehmen, wie sie sind: als unvollkommen und eben darum verbesserungswürdig.

Unter kraß wechselnden Vorzeichen, in stets neuen Schüben der immer gleiche Wille zum innerweltlichen Heil: Etwas Schreckliches ist daran, etwas zum Fürchten. Die Zerstörung des angeblich Bösen als Voraussetzung für den Sieg des Guten; Erlösung als Endlösung. Aber weil weder die Welt noch die Menschen aus eigener Kraft der Erlösung fähig sind, mündet die Zerstörung des Bösen in die Unfähigkeit zum Leben, in die idealistische Selbstzerstörung. Von Langemarck nach Stammheim: eine deutsche Geschichte, eine einzige nur.

Ich versuche, gegen die Versuchung des Absoluten mich anzustemmen, zu warnen, zu relativieren, zu sänftigen. »Zersetzung« als Aufgabe, als deutsche Verantwortung... Oder, um noch einmal Rilke das Wort zu geben:

»Erstaunte euch nicht auf attischen Stelen die Vorsicht
menschlicher Geste? War nicht Liebe und Abschied
so leicht auf die Schultern gelegt, als wäre es aus anderm
Stoffe gemacht als bei uns? Gedenkt euch der Hände,
wie sie drucklos beruhen, obwohl in den Torsen die Kraft steht.
Diese Beherrschten wußten damit: so weit sind wirs,
dieses ist unser, uns so zu berühren; stärker
stemmen die Götter uns an. Doch dies ist Sache der Götter.
Fänden auch wir ein reines, verhaltenes, schmales
Menschliches, einen unseren Streifen Fruchtlands
zwischen Strom und Gestein. Denn das eigene Herz übersteigt uns
noch immer wie jene. Und wir können ihm nicht
nachschaun in Bilder, die es besänftigen, noch in
göttliche Körper, in denen es größer sich mäßigt.«

III DENKEN UND DEUTEN

Norbert Bischof
Die Unfähigkeit zu vergessen

Noch eine letzte Konsequenz der Zeitvergegenwärtigung ist im vorliegenden Zusammenhang zu besprechen. Die Zeitachse, die beim Menschen in die Erlebnisaktualität einbezogen ist, hat nicht nur einen Ast, der in die Zukunft weist, sondern sie erstreckt sich auch zurück in die *Vergangenheit*. Das Gerüst der antizipierten Welt durchstößt die Gegenwart und bildet, durch den Übergang zur Faktizität gehärtet, von der Hemisphäre des Historischen her das tragende Fundament für seine eigene Weiterkonstruktion.

Der Mensch ist dadurch nicht nur dem Zwang ausgesetzt, um die Zukunft besorgt sein zu müssen, sondern er erfährt auch die Kalamität, Vergangenes nicht vergessen zu können. »Wirklich« ist für uns eben nicht nur das Aktuelle, sondern auch alles, was einmal wirklich *war*. Das heißt aber, daß im Prinzip nichts, was erst einmal als Faktum in unser Bewußtsein getreten ist, ohne weiteres wieder daraus *entlassen* werden kann; nichts Wichtiges kann sich einfach »überleben«. Und das gilt besonders für die Fakten, die wir selbst und unsere Mitmenschen durch eigenmächtiges Handeln geschaffen haben. Der gewaltige Kuppelbau der Zeit steht für uns dauernd in ein Dämmerlicht getaucht, in dem die Konturen dessen, was zwischen uns geschehen ist, erkennbar bleiben; einmal durchmessene Räume versinken nicht länger in ewigen Schatten.

Dieser Tatbestand hat neben anderem eine folgenschwere Auswirkung auf das Gefüge des menschlichen Bindungsverhaltens. Die *Vertrautheit* nämlich, die zwei Partner aneinanderkettet, ist jetzt nicht mehr allein eine Sache der durch Detektoren zu ermittelnden Bekanntheit der Physiognomie; sie wird gewaltig erweitert durch den im Modus des Vergangenen präsenten Schatz des *gemeinsam Erlebten*.

Deshalb ist beim Menschen der Verlust des Bindungspartners so ausweglos und endgültig. Selbst der eineiige Zwilling des Verlorenen, von diesem für keinen Detektor unterscheidbar, bleibt stumm und verständnislos angesichts der für zwischenmenschliche Intimität so kennzeichnenden Frage »Weißt du noch ...?«

Aus demselben Grunde ist aber auch das Geschäft der »Ablösung« von den Eltern für den Menschen niemals mit derselben Radikalität vollziehbar, die im Tierreich die Regel ist. Joseph Campbell hat gezeigt, daß der prototypische Mythos vom Helden, der auszieht, um eine Braut zu erobern, stets den Auftrag mit einschließt, das Lebenselixier für den daheimgebliebenen siechen Vater zu finden: Es gehört zur Entwicklungsaufgabe der menschlichen Adoleszenz, über den Ablösungsprozeß hinweg den Identitätsstrang fortzuknüpfen, den wir als »Lineage« kennengelernt haben.

Nimmt man alle diese Effekte zusammen, so erscheint es auch von hier aus gerechtfertigt, die Eigenart menschlicher Partnerbindung terminologisch gegen äußerlich verwandt erscheinende Phänomene im Tierreich abzugrenzen. Es hat schon seinen tiefen Sinn, wenn man die Rede von den »persönlichen« Beziehungen auf den Menschen beschränkt.

Eine noch ganz andere Konsequenz unserer Eigenart, Vergangenes im Modus der Wirklichkeit zu konservieren, ist die spezifisch menschliche Sensibilität für *Gerechtigkeit*. Dabei spielt die Kategorie der Verdinglichung, von der wir gesprochen haben, eine erhebliche Rolle. Was sich in der Vergangenheit an sozialen Interaktionen ereignet hat, trägt für uns den Charakter eines »Dinges«, übrigens ganz im Sinne der ursprünglichen Wortbedeutung einer »vor Gericht zu verhandelnden Sache«. Was wir getan haben, erlöscht nicht von selbst, sondern bleibt als *Schuld* bestehen, und zwar wiederum im wörtlichen Sinn des »Einander noch etwas Schuldens«.

Man wird berechtigte Zweifel hegen dürfen, ob bei aggressiven Auseinandersetzungen im Tierreich jemals ein Motiv wirksam wird, das im vollen Wortsinn als »Rache« bezeichnet zu werden verdient. Wenn ein Hund den anderen anfällt, so beißt dieser wahrscheinlich zurück. Im Jargon der Soziobiologen wird dieses Verhalten als »Retaliation« bezeichnet. Äußerlich, und auch funktional gesehen, mag diese Ausdrucksweise berechtigt sein. Auf der Ebene der Nahursachen, das heißt der zugrundeliegenden motivationalen und kognitiven Prozesse, führt sie aber in die Irre. Der Gegenangriff erfolgt aus Wut oder aus Angst, nicht um der Vergeltung willen. Tiere, die zu individuellem Kennen fähig sind, erwarten nach einer solchen Auseinandersetzung vielleicht auch künftig vom anderen nichts Gutes mehr und benehmen sich entsprechend; von Elefanten pflegt dergleichen berichtet zu werden. Es wäre aber sicher überinterpretiert, wollte man solcher Dauerfeindschaft unterstellen, der eine »trage« dem anderen eine früher angetane Beeinträchtigung »nach«.

Dieses Beispiel illustriert recht gut, wie nützlich es ist, den archimedischen Punkt des anthropologischen Selbstverständnisses in die Phylogenese zu legen. Wer käme schon, solange er allein den Menschen im Auge hat, auf die Idee, daß Eifersucht einem entwicklungsgeschichtlich uralten, Rachsucht hingegen einem sehr rezenten »Jahresring« unserer Motivstruktur angehört.

Auch Schimpansen stehen in dieser Beziehung noch vor dem Rubikon. Jane Goodall berichtet von einem soziopathischen Weibchen und ihrer Tochter, die beide die schaurige Sitte angenommen hatten, anderen weiblichen Gruppenmitgliedern in kooperativem Angriff die Babys zu entreißen und vor deren Augen aufzufressen. In einem der beobachteten Fälle näherte sich die Mutter des getöteten Kindes der Mörderin nach dieser Szene mit Unterwerfungsgesten und wurde von ihr umarmt und beschwichtigt. Damit hatte die Episode ihr Ende.

Vielleicht hat das so geschädigte Tier gleichwohl negative Gefühle gegenüber der offensichtlich gefürchteten Kannibalin behalten. Aber das Wesen der Rache besteht nicht darin, daß einer dem anderen negative Gefühle entgegenbringt. Entscheidend ist vielmehr, daß vergangene *Ereignisse* wie permanente Dinge erlebt werden, die nie mehr von selbst verschwinden können und dadurch ein existentielles Ungleichgewicht schaffen. Das einzige, was angesichts ihrer getan werden kann und zum affektiven Ausgleich auch getan werden muß, ist, sie durch weitere, gleichsam mit umgekehrtem Vorzeichen versehene Ereignisse gleichen Gewichts zu *kompensieren*. Wie das Phänomen der *stellvertretenden* Sühne deutlich macht, kann dabei die verdinglichte Tat wichtiger werden als der Täter selbst.

Diese Effekte erscheinen unlöslich an die Zeitrepräsentation und ihre Konsequenzen gebunden. Und so dürfte das Prinzip der *Retaliation*, quitt zu sein erst, wenn man »Auge um Auge, Zahn um Zahn« gefordert und erhalten hat, zu jenen basalen Phänomenen menschlichen Rechtsempfindens gehören, die im vormenschlichen Bereich keine Parallele haben.

Das gilt auch im positiven Sinn und unterstützt dann das, was wir soeben über die Unmöglichkeit einer radikalen *Ablösung* des Adoleszenten von seinen primären Vertrauten gesagt haben. Wie soll man die Bindung an die Eltern brechen können, wenn man nicht vergessen kann, was man ihnen »schuldet«? Offensichtlich liegt hier die anthropologische Legitimation für Freuds Theorie vom Über-Ich.

Und schließlich gewinnen von hier aus auch die Vorstellungen von Lévi-Strauss erheblich an Gewicht. Die Grundidee, daß die sozialen Prozesse im wesentlichen solche des *Tausches* von Dingen, verdinglichten Leistungen und dinggewordenen Personen seien, erscheint angesichts unserer kognitiven Ausstattung wenn nicht zwingend, so doch zumindest plausibel.

Felix von Cube / Dietger Alshuth

Friedliche Sieger – aggressive Verlierer

Gehen wir davon aus, daß in unserer Gesellschaft aufgrund von Vermeidung oder Verbot privater Kampfhandlungen ein hohes aggressives Aktionspotential vorhanden ist, so kommt es um so mehr darauf an, ob der Endzweck der Aggression, der Sieg, dennoch erreicht wird oder nicht. Wird er nämlich erreicht, wird also der Aggressionstrieb selbst befriedigt, so läßt sich das unverbrauchte Aktionspotential in spielerischer oder sportlicher Form abbauen. In diesem (harmlosen) Falle ist es sogar denkbar, daß der Abbau nicht unbedingt an Kampfspiele oder an Kampfsport gebunden ist, obwohl diese sicher besonders wirksam sind.

Ganz anders ist die Situation, wenn der Sieg nicht erreicht wird, wenn also der Trieb weiter nach Befriedigung verlangt. Dann dürfte es ziemlich aussichtslos sein, den Zweck der Aggression von den Werkzeugaktivitäten zu trennen: Die Aggressivität (als unbefriedigter Aggressionstrieb und bereitstehendes Aktionspotential) ist objektgerichtet und damit ernsthaft.

Das Hauptproblem der Aggression in unserer Gesellschaft liegt also beim Verlierer: Er braucht den Sieg, aber er kann ihn nicht erlangen. Seine Werkzeuginstinkte darf er für den Ernstfall nicht einsetzen, andere Mittel stehen ihm nicht zur Verfügung. Wie verhält er sich in dieser Situation? Er ergreift eine oder mehrere der folgenden Möglichkeiten.

Eine erste Möglichkeit besteht darin, sich über das Gewaltverbot hinwegzusetzen. Der Sieg wird gewaltsam erreicht, an Beispielen ist wahrhaftig kein Mangel.

Eine zweite Möglichkeit bietet der Straßenverkehr. Dieser ist sogar ein besonders ergiebiges Feld »zivilisierter Aggressionshandlungen«. Das Auto verleiht auch dem Schwächeren die Möglichkeit, seinen Aggressionstrieb in Form des Siegens zu befriedigen. Dabei lassen sich beide Motive gut unterscheiden: Frustration und Spontaneität. Wird beispielsweise ein Autofahrer von einem anderen überholt, so versucht er (in den meisten Fällen) die »Niederlage« auszugleichen. Aber es bedarf keineswegs immer der Frustration. Das Überholen (sprich: das Besiegen) von anderen durch »aggressives Fahren« ist an sich schon lustvoll, die auslösende Reizsituation wird dementsprechend aufgesucht. Gewiß ist das schnelle Auto nicht nur für den Verlierer ein Mittel aggressiver Triebbefriedigung – auch der Mächtige nimmt diese Lust noch mit, für den Schwächeren hat diese Möglichkeit jedoch die größere Bedeutung. Aus diesem Grunde fahren Rangniedrigere oft schnelle Autos oder schwere Motorräder.

Eine dritte Möglichkeit, zum Sieger zu werden, bieten Spiel und Sport. Dieser wird dann allerdings nicht »spielerisch« betrieben – es geht vielmehr ernsthaft um den Sieg; dementsprechend wird auch verbissen gekämpft – sei es beim Tennis, beim Fußball oder beim Schach.

Sicher gibt es noch weitere Möglichkeiten, die aggressive Endhandlung zu erreichen. In jedem Falle hat der Bedrängte eine erhöhte Siegeschance, wenn er sich einen noch Schwächeren aussucht. Nicht umsonst sagt der Volksmund, daß man seine Wut am Schwächeren auslasse, nicht umsonst spricht er unverblümt vom »Prügelknaben«. Der Schwächere wird zum aggressiven Reizobjekt, der Ängstliche wird, wie die Erfahrung zeigt, zum Opfer.

Fassen wir zusammen: Der Sieger, der in irgendeiner Form Mächtige, kann seinen Aggressionstrieb in der Regel leicht befriedigen. Wird er frustriert, kann er den »Schuldigen« besiegen, will er oder muß er sein spontanes Aggressionsbedürfnis befriedigen, findet er leicht »Objekte« (z. B. Untergebene oder Familienangehörige), die er mehr oder weniger lustvoll besiegen kann – wobei sich die Lust leicht dem Sadismus nähern kann. Was übrigbleibt – in unserer zivilisierten Gesellschaft –, ist das ungenützte Kampfpotential. Dieses kann er jedoch relativ flexibel in »sportlicher« Form abbauen. Der Verlierer, der Ohnmächtige (wir vereinfachen hier stark), kann seinen Aggressionstrieb in der Regel nicht befriedigen. Wird er frustriert, so muß er die Niederlage hinnehmen oder einstecken; er darf seine Aggressionen noch nicht einmal zeigen, geschweige denn am (mächtigen) Rivalen auslassen. Da das Kampfpotential nicht eingesetzt werden darf, kommt es zu einer geballten und zielgerichteten Aggressivität, zu einem Aggressionsstau, der nach einem besiegbaren (!) Gegner verlangt.

Bevor wir auf eventuelle Lösungen dieses Problems eingehen, müssen wir die Begriffe Sieger und Verlierer präzisieren.

Tatsächlich gibt es ja nicht Sieger oder Verlierer schlechthin, es gibt vielmehr bei jedem Menschen ein Mehr oder Weniger an Sieg oder Niederlage, es gibt, wie wir sagen wollen, ein »Sieger-Verlierer-Verhältnis«. Selbstverständlich sucht jeder, dieses Verhältnis möglichst positiv zu gestalten, also insgesamt möglichst viele Siege »einzuheimsen«, in welchen Bereichen auch immer. Der entscheidende Beitrag der Verhaltensbiologie besteht darin, daß sie dieses aggressive Rangordnungsstreben als ein spontanes erkennt: Das Streben, den anderen zu besiegen, ist eben nicht nur eine Folge von Frustration, es ist ein Trieb, der befriedigt sein will. Daher gibt es diese Form der Aggression nicht nur in Mangelgesellschaften, sondern auch in der Wohlstandsgesellschaft. Jeder will (im Grunde) den anderen übertrumpfen, will das schnellere Auto, das größere Haus, die braunere Haut, das größere Ansehen, die höhere Stellung.

Nun muß man eines klar sehen: Es ist absolut sinnlos, die aggressive Triebbefriedigung in Form des Übertreffen-Wollens anderer ausmerzen zu wollen; es handelt sich nämlich um »eine genetisch programmierte Verhaltensnorm«. Es ist auch wenig hilfreich, dieses Verhalten generell als inhuman abzuwerten, Konkurrenz schlechthin zu verdammen. Tatsächlich liegt die Gefahr ja auch nicht im Wettbewerb, im Siegen-Wollen – sie liegt vielmehr in einer negativen Sieger-Verlierer-Bilanz und dem so verursachten aggressiven Trieb- und Aktionsstau. Hier muß man nach Lösungen suchen, hier liegen Aufgaben von Erziehung und Führung.

Alfred Gierer

Der metatheoretische Witz: mit Widersprüchen leben

Für die vorangegangene Diskussion der Leib-Seele-Beziehung am Beispiel der Verhaltensdispositionen spielten selbstbezogene Prozesse im Gehirn eine Schlüsselrolle. Solche Prozesse zeigten sich aber auch in Zusammenhang mit vielen anderen Aspekten des Bewußtseins. Es ist zu vermuten, daß die Anwendung von Gehirnprozessen auf sich selbst ganz allgemein – selbst wenn Verhaltensdispositionen nicht betroffen sind – der Decodierbarkeit seelischer Vorgänge Grenzen setzt. Die gleiche Charakteristik der Selbstanwendung ist es aber auch, die Vorgänge anfällig gegen innere Widersprüche macht. Diese Anfälligkeit ist nicht zu beheben, jedoch wird das Auftreten von Widersprüchen oft unmittelbar bewußt und kann so neue Lösungsversuche auslösen.

Ein instruktives, der Analyse und Eigenerfahrung zugängliches Beispiel für diese Fähigkeit des Gehirns ist ein Typ von Witzen, der eine »metatheoretische« Charakteristik hat. Er macht einen beträchtlichen Teil dessen aus, was Heiterkeit oder Schmunzeln zu erzeugen vermag. Ein Grundmuster ist das klassische Paradoxon vom Lügner, der behauptet, er lügt. Lügt er nun, oder lügt er nicht? Eine neuere Version ist der 31jährige, der proklamiert »Trau keinem über dreißig«. Meist ist aber der innere Widerspruch subtiler in der sprachlichen Formulierung verborgen.

Gast: »Sie haben hier ein Hufeisen vor der Haustür hängen – glauben Sie wirklich, daß es Glück bringt?« Gastgeber: »Nein, aber man sagt, es soll auch helfen, wenn man nicht daran glaubt.«

Lehrer: »Warum sollt ihr nicht meine Frage immer mit einer Gegenfrage beantworten?« Schüler: »Ja, warum *sollen* wir nicht eine Frage mit einer Gegenfrage beantworten?«

Bürgermeister: »Es gibt Leute, die glauben eine Statistik erst, wenn sie sie selbst gefälscht haben!«

Psychiater: »Haben Sie manchmal Schwierigkeiten, wenn Sie eine Entscheidung treffen sollen?« Patient: »Ja und nein.«

Nasredin Hodscha (eine türkische Entsprechung der Figur des

Till Eulenspiegel) wird Dorfrichter, ohne etwas von diesem Amt zu verstehen. Die Kläger in einem Prozeß erklären ihren Fall; der Richter: »Ihr habt recht.« Die Beklagten widersprechen; Nasredin Hodscha: »Ihr habt auch recht.« Nun klagen Kläger und Beklagte einstimmig: »Es ist nicht möglich, daß sie recht haben und wir recht haben!« Nasredin Hodschas letztes Wort, bevor er eilig den Gerichtssaal verläßt: »Ihr habt recht.«

Metatheoretische Witze können auch bildhaft wirken: Ein Zug von Demonstranten trägt leere Plakate mit sich; Untertitel: Streik der Plakatmaler. Wenigstens ein Schmunzeln rufen Bilder hervor, die das Bild selbst enthalten. Dies ist wiederum das Bild mit dem Bild im Bild... Andererseits ist aber nicht alles, was wegen seiner Widersprüchlichkeit komisch erscheint, im strengen Sinne unlogisch. Agentenbesprechung: »Ob sie wissen, daß wir wissen, daß sie wissen, daß wir wissen, daß sie unseren Code gebrochen haben?«

Charakteristisch für metatheoretische Witze ist die Selbstanwendung von Begriffen – das Lügen auf den Lügner, die Gegenfrage auf die Gegenfrage, das Rechthaben auf das Rechthaben. Das menschliche Gehirn kann innerhalb von Sekunden nach Abschluß des Satzes ohne bewußtes Denken den Widerspruch »erleben«, ihn als harmlos klassifizieren und dies durch Heiterkeit zum Ausdruck bringen; schon Kinder reagieren auf solche Witze mit erstaunlicher Spontaneität.

Metatheoretische Witze zeigen, daß gedankliche Operationen auf sich selbst angewendet werden; daß das menschliche Denken nicht gegen Widersprüche abgesichert ist; daß Widersprüche, wenn sie entstehen, ins Bewußtsein gehoben werden können. Dann lösen sie emotionale Reaktionen aus, die zu neuen Lösungsversuchen führen oder aber als harmlos abgetan, aber deshalb nicht unmittelbar beseitigt werden. Der Widerspruchsindikator – die unmittelbare Reaktion, die im Falle der Harmlosigkeit in Heiterkeit besteht – stellt in sich ein interessantes Phänomen dar. Vielleicht kann eine Analyse des metatheoretischen Witzes mit Hilfe der formalen Logik und der Methoden moderner Sprachforschung einen Beitrag zu einem besseren Verständnis selbstbezogener Prozesse im Gehirn liefern.

Der metatheoretische Witz bestätigt, daß die Selbstanwendung von Begriffen samt ihrer logischen Problematik nicht eine überzüchtete Gedankenkonstruktion höherer Mathematik ist, sondern ganz ursprünglich im menschlichen Denken verankert ist. In die gleiche Richtung weist die große Bedeutung, die Begriffe wie Selbstfindung, Selbstvertrauen, Selbstbestätigung, Identität für die Entwicklung des Individuums spielen. Mögen derartige Begriffe modern oder gar modisch sein, in anders umschriebener Form kommen sie – zum Beispiel in der Poesie – von alters her vor.

Der Selbstbezug des Denkens ist jedenfalls in seiner umfassenden Form charakteristisch für den Menschen; diese Eigenschaft ist eine notwendige Voraussetzung, wenn auch keine hinreichende Erklärung, für Bewußtsein. Wie im vorigen Kapitel dargelegt, spielten Verschaltungen von Nervenzellen, die die umfassende Anwendung von analytischen Prozessen des Gehirns auf Zustände des Gehirns selbst erlauben, vielleicht eine erhebliche Rolle bei der Evolution des Menschen. Vom mathematischen Standpunkt aus wäre es durchaus möglich, Modelle der Informationsverarbeitung in Nervennetzen zu konstruieren, die die Widersprüche vermeiden, gegen die der menschliche Geist so anfällig ist. Dafür muß man nur bestimmte – keineswegs alle – Typen der Selbstanwendung von Gehirnprozessen ausschließen. Möglicherweise bot die Evolution des menschlichen Gehirns nicht die Zeit für derartige Raffinessen. Man kann hierzu aber noch eine ganz andere Vermutung entwickeln: Beschränkungen, die solche Widersprüche ausschließen, würden das Denken zwar sicherer, aber auch enger machen. Vielleicht ist es für die Lösung wirklicher Probleme, die Bewältigung des Lebens und der Umwelt, besser, mit der Anfälligkeit des Denkens gegenüber Widersprüchen zu leben, sich die mathematisch verbotenen Prozesse zu erlauben und so mit einem Quantum an Unsicherheit erst die umfassende Spannweite des intuitiven menschlichen Denkens zu ermöglichen. Diese Spannweite führte aus der trägen biologischen Evolution in die Eigendynamik der Kulturgeschichte. Der moderne Menschentyp bleibt dabei gebunden durch wenige, aber wichtige Randbedingungen seines biologischen Erbes, er ist ausgestattet mit reichen, fast universellen geistigen Möglichkeiten – aber den Mehrdeutigkeiten des Denkens und der Gefühle kann er sich nicht entziehen.

Alexander Kluge
Zeit

Mein Vater vermochte 186 Weinsorten, nur mit den Mitteln der Zunge, ohne Etikett, zu unterscheiden. Ich kannte einen Halberstädter Lastwagenfahrer, der an der Errichtung der Bodetalsperre mitarbeitete, der 140 verschiedene Arten, sich im Sommer in den verschiedenen Gewässern des Vorharzes abzukühlen, beschreiben konnte. Es war ihm eine wichtige Erfahrung: Ein Sprung ins kalte Wasser des Stausees, Druck auf die Blase, Pullern, ist etwas anderes, als die angenehme laue Wärme eines Karpfenteiches zu spüren, wenn die Glieder erhitzt sind. Insofern kam es ihm auf die *verschiedenartige* Wasserqualität an, er hatte auch Worte dafür.

In noch viel deutlicherer Weise besitzen die Zeiten unserer Lebensläufe verschiedenartige Qualität. Es gibt Wegwerfzeiten, die zu kurz sind, um irgend etwas Lebendiges darin unterzubringen, zu lang, um es lebendig, wartend auszuhalten. Es gibt rechte Zeitpunkte, die eine Fülle enthalten, die sich erst in der Erinnerung auseinanderzieht. Es gibt zerstückelte Zeit. Die altgriechische Sprache unterscheidet den *Kairós* als den Moment, der über Glück oder Unglück entscheidet, von der dauerhaft dahinfließenden Zeit, dem *Chronos* (der seine Kinder frißt); der Kairós wird dargestellt als ein Gott mit Flügeln an den Füßen, einer dichten Tolle in der Stirn und kahlem Hinterkopf: Wer ihn nicht am Schopf packt, im rechten Augenblick, rutscht am kahlen Schädel ab. Dies sind praktische, der Lebenserfahrung entsprechende Unterscheidungen der Zeit, so wie auf einer Seekarte zumindest einige Qualitäten der Gewässer unterschieden werden und nicht gesagt wird: Es ist alles Wasser. In dieser Hinsicht könnten wir zwar sagen, daß wir in einem Zeitmeer leben, erreichbare Zeit ist aber nur das, was wir durch*schwimmen*, worin wir uns *tarnen*, wogegen wir *beißen* und wie weit wir *flüchten* können. »Beißen, fliehen, tarnen oder fortschwimmen« – die vier Reaktionsweisen der Fische.

Nun sind sämtliche Filme, sämtliche Programme des Fernsehens *Zeitkunstwerke*. Zu ihrer Existenz brauchen sie die Aufmerksamkeit von Menschen, d. h., sie müssen sich deren Zeit verschaffen. Sie sind Konstrukte, dafür hergestellt, Zeit von den Stellen wegzuziehen, wo sie zuvor war. Es gibt in dieser Hinsicht keine eindeutige Bewertung, ob Filme oder Programme etwas Gutes oder etwas Schlechtes sind, auch wenn sie in jedem Fall davon leben, daß sie Zeit enteignen. Sie können das ja in dem Sinn tun, daß sie eine Strömung erzeugen, in der für den Menschen wertlose Zeit sich strukturiert, in Bewegung gerät, *für ihn* etwas Wertvolles wird. Dies gilt nach guten Programmen, nach guten Filmen vor allem für die Zeit danach. *Programme, Filme können so produziert sein, daß sie mehr Zeit zurückgeben, als sie kosten.* Den zeitvernichtenden Gegenpol muß ich nicht beschreiben.

Physikalische Zeit (die ein Metronom mißt), psychologische Zeit, Produktionszeiten, Tageszeit, Zeiten des Lebenslaufs, Geschichtszeit – alles dies sind verschiedene Perspektiven. Perspektive bedeutet, angewendet auf Zeit: Qualität. Wir erleben die psychologische Zeit nicht bewußt. Die durch Spannung erfüllte, schnelle oder beschleunigte Handlung führt, während sie erlebt wird, zu einem Sichzusammenziehen der Zeit (Piaget: umgekehrte Proportion zwischen Zeit und Geschwindigkeit), während sich in der Erinnerung die Dauer solcher Sequenzen ausdehnt. Hinzu tritt der Egozentrismus, in dem wir in der kindlichen unmittelbaren Erfahrung den Umgang mit der psychologischen Zeit zuerst entwickeln. Hinzu kommt drittens die verschiedene Zugänglichkeit unserer Erlebnisse für die Introspektion. Die psychologische Zeit ist aus diesen Gründen am leichtesten zu enteignen. Sie antwortet am schnellsten auf die Angebote von Massenmedien, auf Programm, auf Suspense, auf das Angebot, Eigensteuerung wegzugeben und die Fremdsteuerung zu begrüßen. Die physikalische Zeit wäre dagegen gesichert, sie wird ja durch die Härte des Arbeitsprozesses festgehalten.

Enteignete Geschichtszeit heißt: Ich kann Jahre meines Lebens streichen, ich darf sie nicht für meine eigenen halten, ich verliere sie in bezug auf meine Identität. Fremdgesteuerte, spannende Zeit war es für mich, anschließend komme ich aus der Gefangenschaft

zurück und fange bei Null an. Ich habe etwas verloren, niemand kümmert sich darum, daß ich es wiederbekomme. Ich wünsche niemand Verluste, was seine Geschichtszeit betrifft.
Ich verliere Zeit (mein Zug hat Verspätung), das ist nichts Schlimmes. Das gleicht sich aus. Ich verliere die Zeit, die entscheidend sein könnte. Ich hätte, nachdem ich mich verliebt hatte, meinem Impuls folgen müssen, den Zug wechseln, ihr folgen, das hätte mein Leben geändert, das habe ich versäumt. Ich habe zwanzig Jahre meines Lebens einer Firma gewidmet, jetzt ist diese Firma zusammengebrochen, meine Abteilung war erfolgreich. Diese zwanzig Jahre kann ich verloren geben. Nächste Station: Mein Volk ist zersprengt, ich weiß nicht einmal, wer schuld hat. Weitere Station: Ich kann mich in der Zeit nicht orientieren, ich lebe in einer permanenten Aktualität, von der ich nicht sagen kann, was sie mit mir zu tun hat. Ist aber die Perspektive zu dem, was mich hervorgebracht hat, verdeckt, so gerate ich in Verzweiflung. Alles dies sind *Perspektiven* des Zeitbegriffs.

Bernd-Olaf Küppers
Molekularsprache

Wenn wir das Prinzip der molekularen Informationsspeicherung in den Erbmolekülen eines Lebewesens als genetische »Molekularsprache« bezeichnen, so steckt dahinter mehr als eine bloße Metapher. Dies zeigt sich besonders klar an der Syntax, also der hierarchisch organisierten Beziehung der Einzelsymbole untereinander. Wie die menschliche Sprache besitzt auch die genetische Molekularsprache eine syntaktische Dimension; denn die Einzelsymbole (Nukleotide) der Erbinformation wirken in ihrer linearen Anordnung nicht beziehungslos nebeneinander, sondern sind in hierarchischer Stufung zu operationalen Einheiten zusammengefaßt (Tabelle S. 114f.).

Ausgehend von den Nukleotiden als den »Bausteinen« der genetischen Molekularsprache, bilden auf der untersten Organisationsebene eines Erbmoleküls je drei Nukleotide eine Translationseinheit (Codon) und zugleich das Symbol für eine Aminosäure. Die analoge Spracheinheit ist das Phonem oder Morphem. Etwa hundert bis tausend Codons ergeben ein Cistron (Gen) und fungieren als Codierungseinheit für ein Protein. Die analoge Spracheinheit ist das Wort oder der einfache Satz. Bis zu fünfzehn Cistrons sind wiederum zu einer Ableseeinheit (Scripton) verknüpft. Dem Scripton entspricht der zusammengesetzte Satz. Viele hundert Scriptons bilden eine Reproduktionseinheit (Replicon), die etwa mit einem Absatz in einem Text vergleichbar ist. Den Replicons ist das Segregon als meiotische Einheit überlagert. Das Genom als mitotische Einheit schließlich entspricht dem Gesamttext. In der hierarchisch organisierten Struktur der genetischen Information spiegelt sich die hierarchische Organisation eines lebenden Systems auf der phänotypischen Ebene unmittelbar wider.

Die Analogie zwischen der menschlichen Sprache und der genetischen Molekularsprache ist durchaus stringent. Sie wurde besonders von Vadim Ratner hervorgehoben und analysiert. Die zentralen Probleme der biologischen Informationsentstehung lassen sich demnach adäquat anhand von Beispielen aus dem Bereich der menschlichen Sprache darstellen, ohne daß sie dabei an Tiefenschärfe verlieren.

Der Sprachanalogie sind allerdings auch Grenzen gesetzt. So besitzt die genetische Molekularsprache, wenn man von bestimmten molekularen Regulationsphänomenen einmal absieht, keine interrogativen Merkmale. Und der generative Charakter der menschlichen Sprache findet seine molekulargenetische Entsprechung erst im Rahmen der evolutionären Entwicklung der Lebewesen in ihrer Gesamtheit.

Nachdem wir die molekularen Wurzeln des Lebendigen beschrieben haben, können wir nun eine erste Antwort auf die Frage nach der Komplexität lebender Systeme geben. Die kleinsten Lebewesen, die noch über einen *autonomen* Stoffwechsel verfügen, sind die Bakterien. Deren genetische Information ist in einem DNS-Molekül mit annähernd vier Millonen Nukleotiden verschlüsselt. Auf die menschliche Sprache übertragen, würde der molekulare Schriftsatz für den Aufbau einer Bakterienzelle etwa den Umfang eines tausend Seiten starken Buches annehmen. Im menschlichen Genom sind über eine Milliarde molekularer Symbole zur Codierung der Erbinformation notwendig. Dies entspricht bereits dem Umfang einer Bibliothek von mehreren tausend Bänden.

Das Phänomen der Zweck- und Planmäßigkeit in der belebten Natur erweist sich somit im Rahmen der Molekulargenetik als eine durch Struktur und Funktion der Biomoleküle objektivierbare Eigenschaft aller lebenden Organismen. So ist denn auch nicht die Tatsache der Zweck- und Planmäßigkeit an sich durch Naturwissenschaftler und Philosophen in Zweifel gezogen, sondern vielmehr die zahlreichen Deutungen ihrer Herkunft und Entwicklung.

Genetische Schrifteinheit	Größe der Einheit	Zahl* der verschiedenen Einheiten pro Organismus
Nukleotid	Einzelsymbol	vier
Codon	Nukleotid-Triplett	64
Cistron (Gen)	100–1000 Codons	viele tausend
Scripton (Operon)	bis zu 15 Cistrons (plus Zwischenregionen)	viele tausend
Replicon	bis zu vielen hundert Scriptons (plus Zwischenregionen)	mehrere (bzw. eine)
Segregon (Chromosom)	mehrere Replicons	wenige (bzw. eine)
Genom	wenige Segregons	eine
Genotyp	Genom plus zytoplasmatische Informationsträger	eine

Tabelle: *Hierarchische Organisation der genetischen Molekularsprache.* * *Die Zahlen der ersten beiden Zeilen gelten universell für alle Lebewesen, die folgenden Zahlen beziehen sich jeweils auf einen Organismus und hängen im einzelnen von dessen Komplexitätsgrad ab.*

Begrenzung** (Interpunktion)	Funktion	Analoge Spracheinheit
Molekülstruktur	pimäres Codierungssystem	Maschinensymbol oder Buchstabe
Nukleotide	Translationseinheit (Symbol für Aminosäure)	Phonem oder Morphem
Codons Initiation: AUG Termination: UAA, UAG, UGA	Codierungseinheit für Protein	Wort oder (einfacher) Satz
Promotor (Operator) Terminator	Transkriptionseinheit (m-RNS)	(zusammengesetzter) Satz
Replicator Terminator kohäsive Enden (bei Viren)	Reproduktionseinheit	Absatz
Centromer Telomer	meiotische Einheit	Absatz
Zellkernmembran	mitotische Einheit	Gesamttext
Zellmembran	Gesamtinformation	Gesamttext und Kommentare

** *Die Information ist bis zum Segregon sequentiell angeordnet, muß aber nicht zusammenhängend abgelesen werden.*
(Nach Manfred Eigen)

Yehudi Menuhin
Vom Wert des Schweigens*

Schweigen – daß ausgerechnet ein Musiker aufgefordert werden sollte, über etwas zu sprechen, das oberflächlich betrachtet das genaue Gegenteil alles dessen ist, für das er eintritt, muß widersinnig erscheinen oder wenigstens doch paradox. Aber gerade das möchte ich erklären, wenn Sie die Geduld aufbringen, mir schweigend zuzuhören, während ich darlege, was mir, dem Musiker, Schweigen bedeutet.

In dieser schönen Kirche bietet sich die Gelegenheit einer stillen Zuflucht, in der sich ohne allzu große Störungen die volle Bedeutung des Wortes überprüfen und untersuchen läßt. Ist Schweigen nicht »das Wesen der erhofften Dinge, das Zeugnis unerhörter Dinge«? In dieser gräßlich überfüllten Welt ist es zu etwas Fehlendem geworden, zu einem Vakuum, das wir eher mit eitlem Geschwätz auffüllen statt mit jener wirklichen Substanz, die ein Zustand an sich ist wie der »Glaube«, den ich soeben umschrieben habe. Und sind nicht die »unerhörten Dinge« jene leise, dünne Stimme, die wir nicht länger mehr heraushören können aus dem schrecklichen Getöse, mit dem wir unser Leben vollstopfen?

Schweigen ist Stille, aber nie Leere: Es ist Klarheit, aber nie Farblosigkeit; es ist Rhythmus wie ein gesunder Herzschlag; es ist das Fundament allen Denkens und damit das, auf dem jedwedes Schöpferische von Wert beruht. Aus dem Schweigen entsteht alles, was lebt und dauert; besitzt man diese schweigende Stille in sich, kann man dem äußeren Lärm mit Gleichmut begegnen; denn das Schweigen verbindet uns mit dem All, mit dem Unendlichen, es ist die Wurzel der eigenen Existenz und damit das Gleichgewicht des eigenen Lebens.

---

* Rede in der St. James's Church, Piccadilly, London, zum ersten Mittwoch in der Fastenzeit 1977.

Es ist faßbar und unfaßbar zugleich, und in diesem Sinne wage ich es Musik zu nennen – Miltons »Musik der Sphären«; denn es gibt diese unauslöschliche Schwebung im Schweigen, die Wesen und Zeugnis seines Vorhandenseins ist. Wie und warum haben wir es verloren? Oder haben wir es nur aus Zerstreutheit verlegt und können es nun nicht wiederfinden, so daß wir beständig den Raum, den es gelassen hat, mit Unrat füllen, statt die Stille zu suchen?

Fürchten wir das Schweigen, als ob es respektheischend oder vorwurfsvoll sein könnte? Ist es von der fürchterlichen Hast unserer Tage vertrieben worden? Haben wir es verloren, oder hat es uns verlassen? Ist es die Nacht, die selbst in dieser Zeit den Lärm verstummen läßt, oder um es wiederum mit Milton zu sagen: »...nun trat der stille Abend ein, und graue Dämmerung kleidete alle Dinge in ihr nüchternes Gewand; Schweigen begleitete sie...« usw. Bringt es uns Angst statt Entspannung, statt Ruhe mehr eine böse Vorahnung, die uns in eine Zeit der Furcht und steten Unrast überwältigt? Da wir größtenteils den Glauben an eine allumfassende Vorstellung vom Leben als Einssein von Körper und Seele verloren haben, in der sich eine übermächtige Idee spiegelt – fürchten wir uns jetzt vor dem leeren Widerhall in unserer inneren Unerfülltheit, der uns so unerklärlich beunruhigt?

Um das eigenartige Unwirkliche der Morgendämmerung zu beschreiben, verwenden die Franzosen die Redensart »entre chien et loup« – man kann im Zwielicht nicht »zwischen Hund und Wolf« unterscheiden, zwischen dem Gezähmten, Berechenbaren des Tages und dem geheimnisvoll Wilden, Ungewissen der Nacht. Aber die Dämmerung könnte auch den ungewissen Schwebezustand bezeichnen zwischen Ebbe und Flut, zwischen den sich endenden Tätigkeiten und Zerstreuungen des Tages und der Nacht, der wir uns gesammelt anheimgehen.

Ich werde nie vergessen, wie ich das erste Mal dieses unbeschreibbare, heitere Schweigen erlebte, das friedliche Schweigen der »Gefühle, auf die man sich in Gelassenheit besinnt«, am Ufer des riesigen Tahoe-Sees, 1500 Meter hoch in den kalifornischen Sierras. Das Ruderboot wiegte mich sanft auf den Wellen, ich lauschte dem leisen Plätschern des Wassers auf den Steinen des Uferrandes, und da ging es mir durch den Sinn, daß das erste sachliche Denken des Menschen zu dieser Tageszeit geschehen sein muß, nur dann geschehen sein konnte.

Meine Mitmenschen tun mir unendlich leid – denn wie kann man diese Seligkeit finden, wenn das wesentliche Merkmal unserer Zeit die ständig zunehmende Dichte ist? Das ist nicht einfach ein Problem der Überbevölkerung, sondern einer Art irregegangenen Appetits, sinnloser Gier. Wir können anscheinend kaum noch einen leeren Fleck, ein bißchen Zeit oder einen Bauch sehen, ohne daran zu denken, wie man das eiligst ausfüllt. Mit der Bevölkerungsdichte sind wir vertraut – müssen wir nun unbedingt noch die Dichte des Drucks hinzufügen und die Dichte des Raummangels fördern? Alles Lebendige braucht Atemraum um sich, wie die Pflanze Luft braucht. Menschen sollte man nicht allein nach Kubikzentimetern bemessen und in willkürliche Grenzen einschränken lassen von den Mächtigen, Zynischeren und Unerbittlichen, denen es an Barmherzigkeit mangelt, dem Bindeglied zwischen lebendigen Seelen. Leben ist immer etwas, das Unendlichkeit widerspiegelt, jene Unendlichkeit, die Pascal fürchtete, als er sie kennenlernte.

Wenn wir uns untereinander nicht mehr mit jener Unendlichkeit verbunden fühlen, durch das, was wir tun, durch das, wovon wir träumen, durch den Raum, der uns beherbergt, dann sind wir tote Dinge, dann sind wir nicht länger lebendig. Die Dichte erstickt uns, sie nimmt uns den Atem. Dichte ist das Gegenteil von Leben, der Widerspruch zum Schweigen. Leben ist Bewegung und Gegenbewegung, ständiges Bewegtsein, das mit allen Dingen des Weltganzen in Verbindung steht, mit ihnen zu unendlichen Mustern zusammenschwingt, die aufeinander einwirken. Nichts kann geschehen, was nicht einen Widerhall weckt im All. Auch unser Leben, ein teilweise bewußtes Geschehen, kann nicht sein, wenn nicht dieses Bewußtsein zur Ewigkeit gehört, zum Raum, zur Leere der Schöpfung. Diese furchteinflößenden Geschwindigkeiten, diese unvorstellbar komplizierten Bewegungen der Himmelskörper konnten nur in unendlichen Räumen von geringer, diffundierter Dichte entstehen. Die Schöpfung selbst setzt einen leeren Raum voraus. Mit »leer« meine ich nicht nicht-existent, sondern ich benutze es in dem Sinne, daß des Schöpfers Prägung unmittelbar bevorsteht. Der Maler benutzt eine leere Leinwand – diese

Leinwand besteht natürlich und kann ein wunderbares Stück Stoff sein, über das und über dessen Herkunft viel zu sagen wäre. Aber sie wartet auf die Botschaft des Malers, die ihn selbst und seine Erfahrungen ausdrücken soll. Wie kann man dann in einer Welt, die gedrängt voll ist von Opportunismen, von verdinglichten Abbildern des Gewinnstrebens, für die lichten, klaren, vermeintlich nutzlosen Wahrheiten des »Schweigens und der langsamen Zeit« kämpfen? An der Musik, die wir lieben, kann man sich kaum erfreuen in der Kakophonie lärmender Geräusche. Dies wenigstens gilt noch als akzeptabel im Bereich der klassischen Musik. Unser Appetit kann ein köstliches Mahl doch nur dann genießen, wenn der Magen leer ist, wie unser Geist nur für Inspiration empfänglich ist, wenn er dafür frei- und bereitgemacht worden ist. Aber diese Brachfelder sind uns gestohlen worden, die Rechte der hilflosen einzelnen sind von der organisierten Welt des Kommerzes durch Vorkaufsrecht mit Beschlag belegt worden und werden uns nun von Gaunern und Schwindlern mit Falschgeld und Augenblicksvergnügungen zurückgezahlt. So sind schon unsere Gedanken selbst eine Falle. Wir sind so leichtgläubig geworden anzunehmen, daß keine Bewegung sei, wo sich nichts bewegt, und wo ein Körper zu ruhen scheint, da sei er auch zufrieden und heiter. Aber unsere Gedanken und die Eigenart unseres Denkens verraten vermutlich viel, ja mehr über unsere Unzulänglichkeiten und Krankheiten als alle unsere äußerlichen Symptome der Aktivität oder Gewalt. Gewiß hat man endlich eingeräumt, daß die Empfindungen der Angst, des Neids, der Habgier, der Rachsucht, wenn sie uns Herz und Sinn erfüllen, wenn sie bis in die sakrosankten Räume unseres Gewebes eindringen, in und zwischen unsere Körperzellen, diese Zellen zerstören. Mit entsetzlicher Folgerichtigkeit haben sich die größten Übeltäter der Welt auf die eine oder andere Weise zum Schluß selbst vernichtet, Hitler, Stalin, Mussolini und viele andere.

Das vollkommene Stillschweigen, das ich heilig nennen möchte, ist in erster Linie die Stille in Herz und Geist. Es ist kein gefühlloses Schweigen, auch kein unbarmherziges Schweigen; es ist ein ruhiges, liebevolles, barmherziges, offenes Schweigen, ein Schweigen, in welchem sich unsere innersten Schwingungen, unsere ureigenste Stimme – nicht die, die uns und andere verstellt – den Freunden, der Familie, der Welt überhaupt offenbart.

Nichts stützt die Moral des Demagogen so sehr wie die Verblendung durch den Klang der eignen Stimme. Er lebt zum Schluß in einer selbstgebastelten kafkaesken Echo-Kammer, die durch Millionen Stimmen schreiender, blinder Anhänger in ihrem Hall verstärkt wird, die ebenso unsicher sind wie er selbst. Wie vernichtend wäre ein Schweigen gewesen, hätte man es den Massen im Sportpalast aufzwingen können, die dem demagogischen Rattenfänger lauschen mußten, damit sie das angsterfüllte Pochen ihrer Herzen hätten hören können, ohne sich in wüstem Gebrüll Luft verschaffen zu dürfen.

Schweigen hat so viele Seiten wie der Lärm. Es kann das Schweigen des Lebens sein – wenn sich eine Blume in der Stille öffnet – oder das Schweigen des Todes. Es kann das Schweigen der Furcht sein – wie willkommen wäre der Klang eines Kinderlachens oder einer schönen Musik in den Ohren eines Gefangenen in Einzelhaft! Und umgekehrt: Wie willkommen wäre die Stille für die geplagte Hausfrau und Mutter, die ständig dem schrillen Gekreisch ihrer Kinder ausgesetzt ist.

Vielleicht sind mir als Musiker jene schweigenden Stellen bei Beethoven (in der Musik nennen wir sie fälschlicherweise »Pausen«) die liebsten, die wie der leere Raum zwischen zwei aufgeladenen Gewitterwolken die Kraft des Blitzes in sich tragen. Oder auch das Schweigen nach einer Aufführung der Bachschen Chaconne in einer großen Kirche – ein Schweigen gemeinsamer Verbundenheit und Verehrung. Schöne Musik weckt Stille und schafft Raum.

Schweigen und Raum sind die Vorbedingungen für Leben, für Bewegung, Denken und Inspiration. Zu diesen ewigen Quellen des Hörens und nicht des Redens, des Wartens und nicht des Tuns, des Verzichts und nicht des Behauptens, der Reflexion und Folgerung, zu den ewigen Quellen des Lebens, der Musik, der Kunst müssen wir immer wieder, müssen wir ständig zurückkehren. Wir müssen sie in heiligen Hainen wiederfinden können wie im antiken Griechenland, in Schreinen, Tempeln und Kirchen, in Gärten, in den Parks von London – und ich wollte, wir könnten sie auch auf der Straße und in uns selbst finden.

Wir haben eine städtische Welt geschaffen und auch das Land auf dasselbe Niveau heruntergebracht. Das bedeutet eine Flucht wie nie zuvor vor dem Lärm und der Dichte, die unerträglich geworden sind. Die Dinge, die der Mensch erdacht hat, die Gebäude und Straßen, verbreiten kein Gefühl von Harmonie mit der Natur oder mit unseren Inspirationsquellen, weder mit Gott noch mit uns selbst. Wir haben alles an die traurige Situation verraten, wo nur mehr die negative Bedeutung des Wortes Schweigen noch zu gebrauchen ist: für das, was sich nicht sagen läßt. Das ist der tiefe Sinn dessen, was Shakespeare meint, wenn er schreibt: Der Rest aber ist Schweigen.

Roger Sperry
Marxismus andersherum

Wollte man versuchen, mögliche soziale Rückwirkungen und das Ergebnis einer gesamtgesellschaftlichen Hinwendung zu einer auf die Wissenschaft gegründeten Ethik einzuschätzen, wäre es verhängnisvoll, wenn man auf den Marxismus und die kommunistische Welt als Beispiel angewiesen wäre. Unserer neuen Geist-Gehirn-Theorie und ihren Implikationen zufolge beruht die Lehre des Marxismus-Kommunismus auf einigen überholten, fundamentalen Irrtümern in der Interpretation dessen, was Wissenschaft ist und was sie im Zusammenhang mit der menschlichen Natur und mit gesellschaftlichen und weltanschaulichen Perspektiven bedeutet und impliziert. Demnach sind die in der marxistischen Lehre vertretenen Werte denen, die sich aus einem wissenschaftlichen Ansatz in unserem heutigen Kontext ergeben, beinahe diametral entgegengesetzt.

Wenn die wachsende Konkurrenz zwischen Ländern der kommunistischen und der freien Welt auch in Zukunft zu einem Teil ihren Ausdruck im Kampf um die Anschauungen der Menschen findet – einem Kampf der Ideologien und Überzeugungen und der widerstreitenden ethischen Systeme –, dann ist es wohl gerechtfertigt, zum Schluß einige der ideologischen Wertunterschiede aufzuzeigen, die sich auftun, obwohl in beiden Fällen die Absicht dahintersteht, dualistische, aufs Jenseits gerichtete Antworten zugunsten der weltimmanenten Wahrheiten der Wissenschaft auszuschließen. Zu den Differenzen in der philosophischen Grundanschauung gehören die folgenden:

1. Zunächst und vor allem entwickelte sich die Lehre des Kommunismus im Rahmen der lange Zeit akzeptierten – heute allerdings weitgehend überholten – Auffassung, daß die Naturwissenschaft notwendigerweise eine materialistische Philosophie nach sich zieht und stützt, die jede Kausalität subjektiver geistiger Phänomene ablehnt und statt dessen eine rein materialistische Determiniertheit von Gehirn und Verhalten postuliert.

2. Die Lehre des materialistischen Reduktionismus beherrschte die Betrachtung der Natur im allgemeinen und die des menschlichen Verhaltens im besonderen. (Siehe aber Fußnote)*

3. Im Zusammenhang mit dem oben Gesagten hat die marxistische Philosophie das Schlüsselprinzip der Verursachung nach unten nicht erkannt, jene kausale Kontrolle, die die höheren emergenten Eigenschaften in jeder Entität, sei es eine Gesellschaft oder ein Molekül, unablässig über die niedrigeren Eigenschaften ihrer Systemstruktur ausüben.

4. Als der Marxismus sich entwickelte, gab es auch keine Theorie zur Auflösung des »Sein-Sollen-Fehlschlusses« oder des traditionellen Gegensatzes, der früher Naturwissenschaft und menschliche Werte fein säuberlich voneinander trennte.

5. Zu Marx' Zeiten kannte man auch unsere heutigen Konzepte des freien Willens noch nicht, die unsere individuellen und gesellschaftlichen Entscheidungsprozesse vom mechanischen Determinismus befreien.

6. Marx sprach sich für ein stark anthropozentrisches Wertsystem aus, das den Menschen zum Maß aller Dinge macht und seinen materiellen Grundbedürfnissen vor der Qualität der Biosphäre, aber auch vor den höheren psychologischen Bedürfnissen des Menschen den Vorrang gibt. Von der Naturwissenschaft her läßt sich diese Wahl nicht rechtfertigen, und in mancher Hinsicht bedeutet sie eine Umkehrung der Natur, da sie das Wohl eines Systemteils über das Wohl des Systemganzen stellt.

---

* Neueren Berichten zufolge bemühen sich die Sowjets gegenwärtig darum, in einer großangelegten Kampagne ihre offizielle Philosophie aufzupolieren und in Richtungen, für die wir hier eintreten, auf den neuesten Stand zu bringen, wobei sie natürlich der Bevölkerung gegenüber nicht den geringsten Irrtum zugeben und ebensowenig die historischen Wurzeln mitsamt der logischen Grundlage über Marx hinaus in den Schriften sowjetischer Autoren ausfindig machen. Wenn eine schnelle Revision der öffentlich vertretenen Philosophie und Politik vonnöten ist, sind die totalitären Staaten gegenüber den Demokratien ganz offensichtlich im Vorteil.

Was nach Marx im Zusammenleben der Menschen grundsätzlich zählt und die Welt verändert, sind die Handlungen, mit denen der Mensch die für sein Überleben relevanten materiellen Bedürfnisse befriedigt, und nicht etwa sein Idealismus, seine Philosophie oder Ideologie. Er betonte, daß die materialistisch-animalistischen Bedürfnisse vorrangig sind und daß die höheren, menschlichen Bestrebungen auf den grundlegenderen Elementen beruhen und von ihnen abhängig sind. Andererseits hat Marx nicht bedacht, daß die höheren idealistischen Eigenschaften im Menschen und in der Gesellschaft, wenn sie sich erst einmal entwickelt haben, umgekehrt die niedrigeren materiellen Bedürfnisse überlagern, umfassen, kontrollieren und in ihre Obhut nehmen können, daß Natur sich in genau der Weise entfaltet und daß im übrigen auch mit Blick auf Prinzipien des Fortschritts dieses Verfahren besser funktioniert als seine Umkehrung. Eins der besten Gegenargumente zum Marxismus ist der Marxismus selbst: Die Welt wurde nicht durch Marx' Anstrengungen zur Befriedigung seiner primären Bedürfnisse verändert, sondern durch seine Philosophie, seine visionären Vorstellungen und seine kommunistische Ideologie.

Ein Wertsystem, das sein höchstes Gut im Wohl der »Partei« sieht und gleichzeitig die Ehrfucht vor der Natur offen verachtet, trägt wenig zur Beseitigung der meisten weltweit sich verstärkenden Krisenerscheinungen bei, die heute unser größtes Problem darstellen. Die marxistische Doktrin bietet wenig Hilfe, wenn es darum geht, die Überbevölkerung unter Kontrolle zu bringen, der Umweltverschmutzung beizukommen, natürliche Ressourcen zu erhalten, die Umwelt zu schützen und vom Aussterben bedrohte Arten zu retten. Im marxistischen Materialismus ist die Natur nicht etwas, das man achten muß, sondern fast schon das Gegenteil, das heißt etwas, das bekämpft und unterjocht, umgewandelt, mechanisiert und ausgebeutet werden muß, um die (hauptsächlich materiellen) Bedürfnisse des Menschen zu befriedigen. Die Naturkräfte, wie Marx sie in der materialistischen Tradition interpretiert, sind blind und ohne jedes Prinzip; ihnen fehlen Qualität, Wunder und Schönheit; sie werden nicht durch unzählige Kontroll- und Ausgleichsmechanismen harmonisch gesteuert und sind auch nicht voll der schöpferischen Strategien, Anforderungen und Prinzipien, die über einen langen Zeitraum hinweg ihre Fähigkeit unter Beweis stellen mußten, die Qualität der Biosphäre einschließlich des Bewußtseins und der Geistigkeit des Menschen herzustellen, zu bewahren und zu verbessern.

Im Marxismus wird nicht die Natur vergöttert, sondern die Technik und die Produktivkraft. Fabriken und Wolkenkratzer sind die Kathedralen des Marxismus, und der wunderbare Traum besteht darin, durch den industriellen Fortschritt ganze Kontinente zu verwandeln, »riesige Bevölkerungen aus dem Boden hervorzustampfen«. Die Einengung der Problematik auf den Klassenkampf in einer Industriegesellschaft trägt auch nicht zur Linderung der Hauptübel bei, an denen unser Planet heute krankt, und äußert sich wiederum in Begriffen des mechanischen Determinismus, der die eher materiellen und grundlegenden Bedürfnisse und Bestandteile der menschlichen Ausstattung bestimmt, was zu Lasten der höheren psychologischen Bedürfnisse und der idealistischeren Komponenten unseres Lebens geht. Die ursächliche Kraft kognitiver Leitbilder, die unser neuer Mentalismus heute anerkennt, wurde aus Prinzip als unwesentlich abgetan. Wo nichts heilig ist und keine höhere Sinnhaftigkeit existiert (außer derjenigen der »Partei«), verliert alles seinen Sinn.

Es sei darauf hingewiesen, daß die meisten der oben angeführten Unterschiede unmittelbar aus der Anerkennung der materialistischen Philosophie folgten und in kapitalistischen Ländern genauso wie in der kommunistischen Welt schwerwiegende praktische Konsequenzen gehabt haben. Wir streiten hier nicht über persönliche oder politische, sondern über ideologische Standpunkte. Zur Debatte steht, was das Weltverständnis der Wissenschaft in bezug auf politische Leitbilder bedeutet. Jedes anthropozentrische Verharren auf den materiellen Bedürfnissen und Zielen des Menschen, auf Technik, Industrie und Produktivkraft im Verein mit einer geringschätzigen Betrachtung der Natur, ob marxistisch, kapitalistisch oder sonstwie ausgerichtet, scheint der Inbegriff der übelsten Kräfte zu sein, die uns heute eingeholt und die meisten der verhängnisvollen Krisenerscheinungen produziert haben, die unsere Zukunft bedrohen.

IV GRENZBEREICHE

Hannah Arendt
Die menschliche Urteilskraft in Ausnahmesituationen

Damit kommen wir zu einer anderen der grundsätzlichen Fragen, die in allen diesen Nachkriegsprozessen und natürlich auch im Eichmann-Prozeß berührt wurde und um die sich zu streiten in der Tat lohnen würde. Sie betrifft das Wesen und das Funktionieren der menschlichen Urteilskraft. Was wir in diesen Prozessen fordern, ist, daß Menschen auch dann noch Recht von Unrecht zu unterscheiden fähig sind, wenn sie wirklich auf nichts anderes mehr zurückgreifen können als auf das eigene Urteil, das zudem unter solchen Umständen in schreiendem Gegensatz zu dem steht, was sie für die einhellige Meinung ihrer gesamten Umgebung halten müssen. Und diese Frage ist um so ernster, als wir wissen, daß die wenigen, die unbescheiden genug nur ihrem eigenen Urteil trauten, keineswegs identisch mit denjenigen waren, für die die alten Wertmaßstäbe maßgebend geblieben oder die sich von einem kirchlichen Glauben leiten ließen. Da die gesamte tonangebende Gesellschaft auf die eine oder andere Weise Hitler zum Opfer gefallen war, waren auch diese gesellschaftsbildenden moralischen Maximen und die gemeinschaftsbildenden religiösen Gebote gleichsam verschwunden. Diejenigen, die urteilten, urteilten frei; sie hielten sich an keine Regel, um unter sie Einzelfälle zu subsumieren, sie entschieden vielmehr jeden einzelnen Fall, wie er sich ihnen darbot, als ob es allgemeine Regeln für ihn nicht gäbe.

Wie tief diese Frage des Urteilens und, wie man oft meint, des Aburteilens Menschen unserer Zeit beunruhigt, hat sich auch in dem Streit um das vorliegende Buch wie in dem in vielem ähnlich gelagerten Streit um Hochhuths »Stellvertreter« gezeigt. Weder Nihilismus noch Zynismus, wie man vielleicht hätte erwarten dürfen, aber eine ganz außerordentliche Verwirrung in den Elementarfragen des Moralischen ist zutage getreten, als sei das Moralische nun wahrlich das letzte, was sich in unserer Zeit von selbst versteht. Hierfür sind die zahlreichen Kuriosa, die in diesen Streitigkeiten aufgetaucht sind, vielleicht besonders bezeichnend. So meinte man in amerikanischen Literatenkreisen ganz naiv, daß Versuchung und Zwang eigentlich dasselbe sind, daß man von niemandem verlangen kann, daß er der Versuchung widerstehe. (Wenn jemand dir die Pistole auf die Brust setzt und der befiehlt, deinen besten Freund zu erschießen, dann mußt du ihn eben erschießen. Oder – vor einigen Jahren anläßlich des Fernsehskandals in dem Quizprogramm, in dem ein Universitätsprofessor geschwindelt hatte – wenn soviel Geld auf dem Spiel steht, wer könnte da widerstehen?) Das Argument, daß man nicht urteilen kann, wenn man nicht dabeigewesen ist, überzeugt jedermann überall, obwohl es doch offenbar sowohl der Rechtsprechung wie der Geschichtsschreibung die Existenzberechtigung abspricht. Im Gegensatz zu diesen Konfusionen ist der Vorwurf der Selbstgerechtigkeit, den man gegen die Urteilenden erhebt, uralt, aber er ist darum nicht begründeter. Auch der Richter, der einen Mörder verurteilt, kann noch sagen, wenn er nach Hause geht: And there, but for the grace of God, go I! Alle deutschen Juden verurteilen einstimmig die Welle der Gleichschaltungen, die 1933 durch das deutsche Volk ging und sie von einem Tag zum anderen isolierte. Sollte sich wirklich keiner von ihnen je gefragt haben, wie viele von ihnen sich wohl gleichgeschaltet hätten, wenn man es ihnen erlaubt hätte? Ist darum ihr Urteil weniger berechtigt?

Die Reflexion auf das eigene mögliche Verhalten kann Anlaß sein, zu verzeihen, aber so meinen es diejenigen, die sich auf christliche Barmherzigkeit berufen, offenbar nicht. So sagt etwa eine Erklärung der »Evangelischen Kirche in Deutschland« nach dem Kriege: »Wir sprechen es aus, daß wir durch Unterlassen und Schweigen vor dem Gott der *Barmherzigkeit* mitschuldig geworden sind an dem Frevel, der durch Menschen unseres Volkes an den Juden begangen worden ist.« (Zitiert nach Pfarrer Aurel von Jüchen in »Summa Iniuria oder Durfte der Papst schweigen?«, rororo 591, S. 195.) Vor dem Gott der Barmherzigkeit wird, wie mir scheint, ein Christ schuldig, wenn er Böses mit Bösem vergilt. Uns Juden aber ist das Böse unbekannt, um dessentwillen man sechs Millionen Menschen ermordet hat. Haben sich aber die Kirchen, wie sie selbst erklären, an einem Frevel mitschuldig gemacht, so dürfte dafür immer noch der Gott der *Gerechtigkeit* zuständig sein.

Worüber man sich in weiten Kreisen der öffentlichen Meinung einig zu sein scheint, ist, daß man überhaupt nicht urteilen dürfe, jedenfalls nicht, wenn das Urteil Personen betrifft, die Ansehen genießen. Der Weg der Argumentation ist immer der gleiche: Er biegt von den verbürgten, belegbaren Einzelheiten ab ins Allgemeine, in dem alle Katzen grau und wir alle gleich schuldig sind. Gegen die Anklage, die Hochhuth gegen einen einzelnen Papst erhoben hat und die man dokumentarisch belegen kann, stellt man die Anklage gegen das Christentum überhaupt, oder man sagt: »Zweifellos gibt es Grund für schwere Beschuldigungen, aber der Angeklagte ist das ganze Menschengeschlecht« (Robert Weltsch). Oder den »Einzelheiten«, die für eine Beurteilung immer entscheidend bleiben, wird ein »Gesamtbild« entgegengestellt, in dem alle Einzelheiten bruchlos aufgehen und demzufolge allerdings niemand hätte anders handeln können, als er eben gehandelt hat. Solch ein Gesamtbild ist die »Gettopsychologie« des jüdischen Volkes, das alles wirklich Geschehene zudeckt. Im Rahmen des Politischen gehören zu diesen zu nichts verpflichtenden, leeren Allgemeinheiten die Vorstellungen von einer Kollektivschuld bzw. Kollektivunschuld der Völker, die automatisch des Urteilens und der damit verbundenen Risiken entheben. Und wenn man auch in den Fällen der von der Katastrophe unmittelbar betroffenen Gruppen – der christlichen Kirchen, der jüdischen Führung zur Zeit der »Endlösung«, der Männer vom 20. Juli – verstehen kann, daß es schwerhält, das herzugeben, woran man sich noch gerade halten zu können hoffte, so ist diese Abneigung zu urteilen und das Ausweichen vor aller Verantwortlichkeit, die man einzelnen zuschreiben und zumuten kann, doch so weit verbreitet, daß es mit dieser Art der Motivation letztlich nicht zu erklären ist.

Es hat sich inzwischen wohl herumgesprochen, daß es eine Kollektivschuld nicht gibt und auch keine Kollektivunschuld und daß, wenn es dergleichen gäbe, niemand je schuldig oder unschuldig sein könnte. Was es aber wohl gibt, ist eine Kollektivhaftung im politischen Bereich, die in der Tat unabhängig ist von dem, was man selbst getan hat, und daher weder moralisch zu werten noch gar in strafrechtlichen Begriffen zu fassen ist. Politisch haftet jede

Regierung eines Landes für all das, was durch die Regierung vor ihr zu Recht oder zu Unrecht geschehen ist. Das Recht soll sie fortsetzen und das Unrecht nach Möglichkeit wiedergutmachen. In diesem Sinne zahlen wir allerdings immer für die Sünden der Väter, und wenn Napoleon bei seinem Machtantritt gesagt haben soll, er gedenke die Verantwortung für alles zu übernehmen, was in Frankreich von Ludwig dem Heiligen bis zum Wohlfahrtsausschuß geschehen ist, so hat er nur das Selbstverständliche ein wenig ausgeschmückt und übertrieben. Man könnte sich wohl denken, daß auch solche Wiedergutmachung zwischen Völkern einmal vor einem internationalen Gerichtshof verhandelt wird, aber dies wird kein Strafgerichtshof sein, in dem über Schuld und Unschuld von Personen Recht gesprochen wird.

Monika Gerlinghoff
Magersucht – eine psychosomatische Krankheit

Es erkranken hauptsächlich Mädchen in der Pubertät, wesentlich seltener Jungen. Das Verhältnis beträgt etwa 10:1. Mit einem neuen Körperbewußtsein in dieser Phase der Entwicklung erwacht meistens auch das Interesse an der eigenen Erscheinung in ihrer Wirkung auf andere, besonders auf das andere Geschlecht. Das kann mit Irritationen und Ängsten einhergehen und für äußere Vorbilder, gängige Schönheitsideale anfällig machen. Je größer die Verunsicherung, desto größer ist auch das Bestreben, in der Nachahmung, ja Kopierung solcher Vorbilder Halt und Bestätigung zu finden. Auch Jungen können selbstverständlich in der Pubertät psychisch erkranken; aber ihre Verunsicherungen äußern sich anders, und auch ihre Gefährdungen liegen in der Regel in anderen Bereichen.

Weil die Magersucht in der Pubertät beginnt, haben viele Eltern die Hoffnung, daß sie ebenso wieder verschwindet, wie sie gekommen ist, daß sie wie vermeintlich alles Pubertäre vergänglich ist. Dies ist leider eine irrige Meinung, denn unbehandelt ist die Prognose der Magersucht schlecht. Die Sterblichkeitsrate ist alarmierend hoch, etwa zehn von hundert Magersüchtigen sterben an Herz- und Kreislaufversagen.

Die Pubertätsmagersucht tritt als psychosomatische Erkrankung in Erscheinung. Die offenbar zugrundeliegenden psychischen Probleme äußern sich in organischen Symptomen und abweichenden Verhaltensweisen. Hauptsymptom ist der starke Gewichtsverlust, der bis zu 50% unter das Idealgewicht* gehen kann. Der Gewichtsverlust wird primär durch Hungern erreicht, häufig gepaart mit energieverbrauchender Bewegung wie Gymnastik, Leistungssport und Konditionstraining. Freßattacken mit an-

---

* Idealgewicht = Normalgewicht minus 10%

schließendem selbst herbeigeführtem Erbrechen sowie Abführmittelmißbrauch folgen nicht selten einer Zeit des Nur-Hungerns, sind aber keineswegs zwingend für die Diagnose. Die Symptomatik wird in der Regel sehr bald durch geschickte Täuschungsmanöver vor der Familie verheimlicht.

Das Befinden der Betroffenen ist zunächst ausgezeichnet, während sich im Körper bereits krankhafte Veränderungen vollziehen. Der Organismus stellt sich auf die Bedingungen der chronischen Mangel- und Unterernährung ein, paßt sich an und schaltet gewissermaßen auf Sparflamme. Es kommt zu Blutdrucksenkung, Verlangsamung des Pulses, Senkung des Stoffwechsels und der Körpertemperatur, Störungen im Hormonhaushalt mit Sistieren der Periode.

Es ist die Tücke dieser Krankheit, daß die Anpassung des Organismus nach außen perfekt ist. Die Schwere der Erkrankung bleibt dadurch lange Zeit den Eltern und leider auch Ärzten verborgen, ganz zu schweigen von den Betroffenen selbst, die erste Warnsignale des Körpers nicht nur überhören, sondern sich geradezu davon angestachelt fühlen, sowohl ihre geistige als auch ihre körperliche Leistungsfähigkeit immer weiter zu steigern. Für sich selbst und für die Umwelt liefern sie damit den überzeugenden Beweis dafür, daß sie gesund sind. Daher sind die Todesfälle, die bereits aus dieser Phase bekannt sind – z. B. infolge großer körperlicher Anstrengung –, für die Angehörigen so völlig unbegreiflich.

Erst zu einem späteren Zeitpunkt kommt es zu Schwächeanfällen, ständigem Frieren, Haarausfall, Schlafstörungen, Konzentrationsstörungen sowie Verschlechterung des psychischen Befindens mit Gereiztheit, schwerer depressiver Verstimmung, Todessehnsucht oder Todesangst. Die ärztliche Untersuchung deckt in diesem fortgeschrittenen Stadium alarmierende Befunde am Blutdruck, Puls, EKG, im Mineral- und Hormonhaushalt auf, und nicht selten zeigt sich im Computertomogramm des Gehirns eine abnorme Erweiterung der Flüssigkeitsräume im Gehirn und an der Gehirnoberfläche.

Die nähere Umwelt ist inzwischen auch aufmerksam geworden und reagiert. In den Familien kommt es zu unerträglichen Spannungen und schweren Auseinandersetzungen. Die Eltern versuchen, ihre magersüchtige Tochter wieder zu normalen Eßverhaltensweisen zu zwingen, treiben sie aber dadurch leider in der Regel nur weiter in die Krankheit. Die Magersüchtige will und kann den für sie existentiell wichtig gewordenen Weg nicht verlassen. Entgegen der verbreiteten Meinung in der Fachliteratur, daß Magersüchtige keine Krankheitseinsicht haben, konnte ich bei zahlreichen Patientinnen feststellen, daß sie sich ab einem bestimmten Zeitpunkt sehr wohl der Krankhaftigkeit ihres Verhaltens bewußt waren. Aber sie verleugnen das, einmal, weil sie ihren Weg zunächst nicht aufgeben wollen, später, weil sie es nicht mehr können. Außerdem ist es mit ihrem mühsam erworbenen Selbstwertgefühl schwer in Einklang zu bringen, fremde Hilfe in Anspruch zu nehmen.

Klemens von Klemperer

Widerstand

Es soll hier noch einmal hervorgehoben werden, daß Widerstand einen Grenzfall, ein außerordentliches Geschehen darstellt. Er hat in der Geschichte wohl eine Rechtmäßigkeit, aber keine übliche Gesetzmäßigkeit. Wer in den Widerstand geht, folgt, wie Antigone es tat, dem Gebot eines ungeschriebenen höheren Rechts, dem »unwandelbaren Gesetz des Himmels«, wenn die gesetzmäßige Herrschaft in die Tyrannis entartet und so ihre Legitimität gegenüber dem höheren Recht verliert.

Widerstand ist also alles andere als Routine. Kein Widerstandsrecht ist eindeutig, und der Weg in den Widerstand ist ungeebnet. Über diesen Weg will ich hier sprechen. Es ist eigentlich nur in den seltensten Fällen eine Frage eines bestimmten und bewußten Entschlusses. »Ein Mann geht seinen Weg«, so heißt der Titel einer Dokumentation des Lebens von Julius Leber. Und dabei will ich es einleitend belassen. Warum ist ein Julius Leber oder ein Johann Georg Elser, Franz Jägerstätter, ein Beck, Goerdeler, »Fritzi« von der Schulenburg, Moltke, Bonhoeffer, Stauffenberg, jeder seinen Weg gegangen? Sie alle hätten so leicht mitmachen können, wie einige von ihnen es wohl auch anfänglich taten, im Rausche der »nationalen Erhebung«, im Triumph der deutschen Annexion und Siege gegen den äußeren Feind. Sie hätten einfach mitmachen können, wie man sonst einfach mitmacht, besonders in Kriegszeiten, wenn man die Reihen schließt und dient; sie hätten mitmachen können in der Hoffnung, »Schlimmeres zu verhüten«; sie hätten sich in »innerer Emigration« zurückziehen können, oder sie hätten auswandern können in der Erwartung, vom Ausland aus auf das Vaterland einwirken zu können. Jeder von denen, derer wir hier dieser Tage gedenken, wählte seinen Weg: einen, wie gesagt, unbetretenen Weg, einen einsamen, abgründigen Weg, der mit beinahe mathematischer Sicherheit in den Opfertod führte.

Die Frage nach den Motiven, die zu dem Entschluß beitrugen,

ist wohl die Kardinalfrage und dabei eine der schwierigsten. Einfache Antworten, die sie auf Klassenkriterien oder sonstige kollektive Erklärungen reduzieren zu können glauben, gehen fehl. Die sogenannte »Repräsentationstheorie des Widerstandes« wird der Einzigartigkeit des Widerstandes nicht gerecht, geschweige denn dem »selbständigen Wagnis«, wie Eberhard Bethge es ausdrückte, das ihnen allen gemein war. Was sonst hatte der Kommunist Elser mit dem ehemaligen Nationalsozialisten Schulenburg gemein, der österreichische Kriegsdienstverweigerer Jägerstätter mit den Generalen im Widerstand oder der einfache Bäckergeselle namens Joachim Günther mit den Trägern großer Namen, die, wie er, in Plötzensee erhängt wurden – was anders als den eigenen Weg, das selbständige Wagnis? Dietrich Bonhoeffer sprach von der »verantwortlichen Tat«.

Dies führt mich aber zu einigen Prämissen, die wir uns in unserer Betrachtung vor Augen halten müssen:

1. Vom Entschluß, wie schon angedeutet, können wir genau genommen gar nicht sprechen. Wie kann man sich entschließen, in den Widerstand zu gehen, wenn nicht einmal das Wort »Widerstand« im Umlauf war? Dies übrigens ganz im Gegensatz zur *Résistance*, zu den Widerstandsbewegungen in den besetzten Gebieten. Dort war, wie wir wissen, der Entschluß auch so eine Sache. Ich sage das, ohne ungebührlich psychologisieren zu wollen: Man ging in die *Résistance* nicht nur aus Patriotismus, aus moralischer oder politischer Entrüstung, sondern oft, weil man, ins unbesetzte Südfrankreich verweht, sowieso entwurzelt war, aus Abenteuerlust, weil man einem Freund folgte, und oft ganz aus Zufall. Aber die französischen Fifis, die jugoslawischen Chetniks und Partisanen waren greifbare, wenn auch geheime Verbände. Im Reich gab es kaum eine Organisation, mit Ausnahme vielleicht der alten, aber doch zerschlagenen Linksparteien, und sonst nur Freundeskreise oder Organisationen, wie die Armee, die Abwehr, das Auswärtige Amt, die Kirchen, wo man einigen Schutz, aber sicher keine allgemeine Unterstützung erwarten konnte. Ja, nicht einmal das Wort Widerstand war allgemeine Münze. Die Geschwister Scholl riefen zur Unterstützung der »Widerstandsbewegung« auf, aber das war eine Ausnahme. Marie-Louise Sarre, eine der wenigen Überlebenden des Widerstandes, erklärte mir das einmal ganz

einfach: »Wir dachten uns gar nicht als zu einem ›Widerstand‹ gehörend. Wir wollten ja nur irgendwie anständig überleben«.

2. Widerstand stellt keine klar umschriebene, identifizierbare Handlung dar, sondern ein ganzes Spektrum von Einstellungen und Handlungen. Zuerst einmal muß betont werden, daß sogar die Trennungslinie zwischen Anpassung und Widerstand nicht so scharf ist, wie deren »Idealtypen« es andeuten würden. Das trifft auf allen europäischen Widerstand zu. Wie soll der Historiker den Entschluß König Christians X. von Dänemark einschätzen, der im Lande blieb, um sich so vor seine Landsleute zu stellen, oder das Bestreben der Nederlandsche Unie, »alle Patrioten... in loyaler Haltung gegenüber der Besatzungsmacht« zu sammeln, um die Ernennung einer faschistischen Marionettenregierung unter Anton Mussert zu verhindern? »Man könnte sogar sagen«, so schrieb Louis de Jong, der Historiker des holländischen Widerstands, »daß – mit Ausnahme derer, die stets ausschließlich aktiv am Widerstand oder an der Kollaboration beteiligt waren – fast alle Menschen gleichzeitig Widerstand und Kollaboration leisteten.« Im deutschen Gebiete selbst war der Fall Weizsäcker sicherlich ein Schulbeispiel für die Verwischtheit der Grenzen zwischen Anpassung und Widerstand; er ging auch seinen Weg, und es war bestimmt kein leichter. Er machte mit, um so für den Frieden arbeiten zu können – Marion Gräfin Dönhoff schrieb über seinen Fall als »Hochverrat um des Friedens willen« – und um die konspirativen Tätigkeiten seiner jungen Mitarbeiter im Auswärtigen Amt zu decken. Im deutschen Fall besonders war, das muß hier gar nicht mehr hervorgehoben werden, der Widerstand mittels vorgeschützter Kollaboration, so wie Weizsäcker ihn ausübte, im Hinblick auf die repressive Natur des Naziregimes besonders angezeigt. So gab es ein ganzes Spektrum von Einstellungen und Taten, die ineinander übergingen, die von »bedingter« und »taktischer« Kollaboration in die verschiedenen Formen des Widerstandes führten. Der Widerstand selbst ist wiederum kein einheitliches Phänomen, und eine weite Spanne zieht sich von der bloßen sogenannten »Resistenz« oder „gesellschaftlichen Verweigerung", von Dissidenz, vom passiven Widerstand und Teilwiderstand zum Widerstand und endlich zur Konspiration.

All dem muß ich schon hier eine Frage anschließen: Wenn man

sich vor Augen hält, daß Weizsäcker also »mitgemacht« hat, während ein ausgesprochener Nazi wie Graf Helldorf im »Widerstand« landete, müßte man dann nicht zum Schluß kommen, daß es so etwas wie ehrenhafte Kollaboration und zweifelhaften Widerstand gab? Aber ich soll mich hier nicht in Werturteilen verlieren.

3. Die besonders in der angelsächsischen Literatur verbreitete Annahme, daß in den Widerstand zu gehen ein natürlicher Schritt jedes rechtschaffenen Menschen sein sollte, ist nicht haltbar. Widerstand, auch unter rechtschaffenen Menschen, ist Ausnahme und nicht die Regel. Selbst die Hugenotten, in deren Tradition das Recht des Widerstandes eine so große Rolle spielte, zögerten lange, ehe sie die Grenze zwischen passivem und aktivem Widerstand überschritten. Und besonders in Deutschland, wo die Naturrechtslehre nie wirklich Fuß gefaßt hat, wurde dem Gehorsam immer der Vorzug gegen den Aufruhr gegeben. Johann Friedrich Adolf von der Marwitz, der preußische Junker, der es vorzog, Ungnade zu wählen, »wo Gehorsam nicht Ehre brachte«, war doch ein Unikum in der preußischen und deutschen Geschichte. Mit diesem Problem hat sich ja Dietrich Bonhoeffer in der für seine Freunde in der Verschwörung verfaßten Niederschrift »Nach zehn Jahren« mit großer Einsicht und großem Verständnis auseinandergesetzt. In dem Kapitel »Civilcourage?« wies er darauf hin, daß die Deutschen in ihrer langen Geschichte »die Notwendigkeit und die Kraft des Gehorsams« haben lernen müssen, ohne damit zu rechnen, daß diese »Bereitschaft zur Unterordnung, zum Lebenseinsatz für den Auftrag, mißbraucht werden könnte zum Bösen«. Diese Bereitschaft wurde allerdings dann im Dritten Reich gründlich mißbraucht. Die Fiktion der Legalität, der Rausch der sogenannten »nationalen Revolution« hat auch vielen der »Vernünftigen« den Kopf verdreht, und »die große Maskerade des Bösen«, wie Bonhoeffer es ausdrückte, »hat alle ethischen Begriffe durcheinander gewirbelt«. Und darum die Frage: »Wer hält stand?« Das war wohl Bonhoeffers Art, zu fragen: »Wer geht seinen Weg?« Leichten Herzens ging kaum einer in den Widerstand. Denn der Weg führte sowohl von Geschichte und Tradition fort als auch von dem häßlichen Konsens des Dritten Reiches.

Thomas Kruchem
Zwei Welten prallen aufeinander

Prof. William David Hammond-Tooke, Sozialanthropologe, geboren am 30.08.1926 in Kapstadt, schloß sein Ethnologiestudium 1952 mit der Promotion ab. Er wurde 1964 Professor für Sozialanthropologie und lehrt seitdem hauptsächlich an der »University of the Witwatersrand« in Johannesburg. Als führendes Mitglied etlicher hochrangiger Kommissionen übt er erheblichen politischen Einfluß aus. Er hatte Spitzenpositionen auch in internationalen Wissenschaftsverbänden inne und ist Autor sowie Herausgeber zahlreicher Publikationen.

Frage: Gibt es kulturelle Gründe, daß so wenige Schwarze in Führungspositionen der südafrikanischen Wirtschaft anzutreffen sind?

Hammond-Tooke: Natürlich, ich nenne Ihnen einen der wichtigsten: Zu den höchsten moralischen Werten gehört in allen schwarzen Gesellschaften Südafrikas der hohe Respekt vor dem Alter. Für einen traditionell erzogenen Afrikaner ist es deshalb enorm schwierig, Verantwortung zu übernehmen für Menschen, die älter sind als er selbst. Er wird unser leistungsorientiertes Hierarchiekonzept verinnerlichen müssen, wenn er seine zweifellos vorhandenen Fähigkeiten in der Industriegesellschaft zur Geltung bringen, wenn er zum Beispiel Managerposten übernehmen will.

Frage: Soll Südafrika seine Schwarzen zu Neurotikern machen?

Hammond-Tooke: Um in einer modernen Industriegesellschaft gut zurechtzukommen, muß man – ehrlich gesagt – Neurotiker sein. Man muß Angst vor dem Versagen haben, einen starken Erfolgsdrang und Schuldgefühle, wenn man seinen Job nicht ständig besser bewältigt. Dieses Syndrom von Einstellungen – zusammengefaßt etwa unter dem Begriff der »protestantischen Ethik« – ist ein Produkt westeuropäischer Gesellschaften; ursprünglich entstanden ist es wohl in rauhen Familienstrukturen, in denen der Vater dominierte und den Kindern die Ideale des guten Benehmens, des Erfolgs und der Verantwortung eingetrichtert wurden.

Frage: Was ist anders in schwarzen Familien hier?

Hammond-Tooke: Schwarze Kinder werden ganz anders erzogen. Das Verhältnis zwischen Eltern und Kindern ist ziemlich entspannt; es ist frei von jeder eingebauten Erfolgsidee. Überhaupt ist die ganze Sozialisation auf gute zwischenmenschliche Beziehungen ausgerichtet – was überhaupt nicht zur Rücksichtslosigkeit westlicher Wirtschaft paßt. Entsprechende Schwierigkeiten haben denn auch die Schwarzen – nicht intellektuell, sondern emotional. Es wird seine Zeit dauern, bis aus schwarzen Mittelstandsfamilien die notwendigen rücksichtslosen Neurotiker hervorgehen werden.

Frage: Wie hat weiße Herrschaft die politische Struktur ländlicher Stammesgesellschaften verändert?

Hammond-Tooke: Die Häuptlinge wurden in ein übergreifendes Verwaltungssystem eingebunden; sie wurden zu Beamten gemacht, die die Anweisungen der Zentralregierung an ihre Leute weiterzugeben haben. Das jedoch widerspricht der traditionellen Häuptlingsidee. Sie sieht die »chiefs« nicht als Initiatoren sozialen Wandels, sondern als Repräsentanten ihres Volkes – die Entscheidungen nur mit der einmütigen Zustimmung ihrer Stammesangehörigen fällen.

Frage: Die »chiefs« sind also in einen Rollenkonflikt geraten?

Hammond-Tooke: Ja; aus der Sicht seines Volkes ist der »chief« bis heute eine konservative Kraft, ein Vater, der niemandem ohne Not seinen Willen aufzwingen wird. Aus der Sicht der Regierung dagegen ist er Staatsdiener. Dieser Rollenkonflikt hat dazu geführt, daß immer mehr Häuptlinge von ihren Leuten abgelehnt werden. Man betrachtet sie als Marionetten der Regierung.

Frage: In KwaZulu hatte ich nicht den Eindruck...

Hammond-Tooke: Die Zulus sind eine Ausnahme. Allein sie haben in Südafrika unter Königen wie Shaka, Dingane und Cetshwayo ein streng zentralistisches Staatswesen entwickelt. Das hat sich – allem äußeren Druck zum Trotz – bis heute erhalten.

Frage: Haben städtische Schwarze noch einen Bezug zum traditionellen Gemeinwesen im Homeland?

Hammond-Tooke: Sicherlich bewahren etliche Stadtbewohner

soziale und kulturelle Bande zu ihrer Heimat; viele gehen sogar nach der Pensionierung dorthin zurück. In den letzten dreißig, vierzig Jahren jedoch hat sich eine riesige Bevölkerungsgruppe entwickelt, die völlig urbanisiert ist, die nichts mehr mit ländlichen Traditionen im Sinn hat und in vorwiegend westlichen Kategorien denkt. Diese »städtischen Schwarzen«, eine politisch sehr wichtige Gruppe, tendieren dazu, alles, was mit Häuptlingen und ländlicher Gesellschaft zu tun hat, zurückzuweisen. Es ist interessant zu sehen, wie entschlossen diese Leute ihre – für andere Afrikaner so wichtigen – kulturellen Wurzeln von sich werfen. Dies, weil eine Ethnie – die der weißen Afrikaaner – »Volk«, »Kultur« und »Sprache« zu entscheidenden politischen Faktoren erhoben hat. Sogar ich getraue mich heute nicht mehr, einen Schwarzen nach seiner Volksgruppenzugehörigkeit zu fragen. Besonders, wenn er gebildet ist, wird er das als Versuch werten, ihn ins Stammesghetto zurückzustoßen.

Frage: Welche Rolle spielt die Frau im Familienleben städtischer Schwarzer?

Hammond-Tooke: Viele – vor allem gebildete – Frauen weigern sich einfach, zu heiraten. Sie haben Kinder, aber ganz bewußt keinen Ehemann. Begründet wird dies mit dem Chauvinismus der Männer; mit ihrer Neigung, das aus der streng patrilinearen Stammesgesellschaft herrührende Patriarchat in der Stadt weiterzuleben. Da sich emanzipierte schwarze Frauen damit nicht abfinden, sind Mutter-Kind-Familien zu einem sehr häufigen und allgemein akzeptierten Phänomen in den Townships geworden.

Frage: Eine die aktuellen Unruhen berührende Frage zum Schluß: Gibt es einen Bezug zwischen traditionellem Hexenglauben und den Verbrennungen angeblicher Kollaborateure?

Hammond-Tooke: Im traditionellen Weltbild der Schwarzen gibt es kein Unglück und keine Krankheit, die von ungefähr auftauchen; es gibt keinen Zufall. Eine Krankheit ist entweder von den Ahnen, die sich vernachlässigt fühlen, geschickt worden, oder – das wird häufiger geglaubt – sie ist von Menschen, die wir mit dem Begriff »Hexe« umschreiben, herbeigerufen worden. Diese »Hexen« – so meint man – senden entweder Geister aus oder benutzen Gift, um ihren Stammesangehörigen zu schaden. – Wenn nun jemand krank wird, läßt man den Medizinmann nach dem

Verursacher suchen. Kommt es tatsächlich zur Hexenanklage, so deutet dies auf schwere Spannungen in der Gemeinschaft hin. Die Opfer kommen aus speziellen Personenkreisen; gute Aussichten, als »Hexen« angeklagt zu werden, haben zum Beispiel junge Bräute.

Frage: Lebt der Hexenglaube in den Townships fort?

Hammond-Tooke: Nicht in seiner ursprünglichen Form. Aber die Verbrennungen sogenannter Kollaborateure in der Stadt zeigen erstaunliche Parallelen zur Behandlung von »Hexen« auf dem Lande. Eine »Hexe« ist ja der Feind im eigenen Hause, eine Person, die dich lieben sollte, es aber nicht tut. Der Kollaborateur oder Informant ist für diese Rolle wie geschaffen. Er schadet ganz offensichtlich der Gemeinschaft und muß deshalb vernichtet weden.

Heinrich Schipperges
»gesund« und »krank«

Krankheit und Gesundheit sind zunächst keine Gegensätze, sondern notwendige Lebensäußerungen einer nun einmal befristeten, von Sorge belasteten Existenz. Auch Kranksein vermag dabei das Gleichgewicht aller biologischen Ereignisse zu regeln, ja das geistige Leben zu stimulieren und zu stilisieren, wie dies an zahlreichen Beispielen drastisch zu demonstrieren wäre. Schiller war schwindsüchtig, Beethoven taub, Nietzsche geisteskrank. Raffael, Mozart, Schubert, sie alle trugen den Todeskeim frühzeitig aus. Karl Jaspers war chronisch-krank von Kindesbeinen an. Paulus war krank, Caesar, Napoleon, Luther, Bismarck, sie alle: Wer eigentlich nicht? Die Alten dachten sich den Sänger blind, weil er nach innen zu schauen berufen war. Hephaistos hinkte, auch Wieland der Schmied: eine Welt der Heroen und voller Gebrechen. So überliefern es uns die ältesten Mythen; so haben Menschen es schon immer erfahren.

Die Medizin von heute und morgen wird es sich nicht länger leisten können, von diesen Primärerfahrungen und damit vom mitmenschlichen Verhältnis zum Kranken abzusehen und sich auf ein rein naturwissenschaftliches Schema im animalischen Organismus zurückzuziehen. Zu sehr steht der Arzt mitten in der Entscheidung des Kranken und damit auch vor der Einstellung jedes einzelnen Menschen zu sich selbst. Wir alle wissen nur zu gut, daß wir diese Wirklichkeit, die dem kranken Menschen zu einem Schicksal geworden ist, ganz und gar mit dem Kranken teilen. Leiden ist ein beständiger Appell, sich nicht mit dem biologischen Bestand unserer Existenz allein zu identifizieren, sondern unser Leben zu transzendieren, transzendieren auf ein anderes um uns, ein Gegenüber, das mit uns leidet, auf ein höheres und absolutes Bezugssystem, das letztlich allem Leiden Sinn gibt.

Wir haben weitgehend vergessen, daß auch zu einer ganz »normalen« Daseinsverfassung bereits die pathische Dimension gehört: ein Berührtwerden und Betroffensein, ein Sich-Ändern im

Anders-Werden, das in extremen Fällen reichen kann bis zur Verrückung oder Entzückung. Erfahrung von Wirklichkeit gelingt uns nicht nur im aktiven Unternehmen, sondern auch im passiven Vernehmen: im Aufspüren und Aneignen, im Schmecken der Dinge, so wie sie nun einmal sind, was den Menschen ja erst zu einem »homo sapiens« macht. Zu diesem so ganz gesunden Erfahren von einer oft nur zu leidvollen Wirklichkeit gehört nicht zuletzt, daß der Mensch seine ihm zugemessene Frist zwischen Geburt und Tod immer auch als Krise verstanden hat.

Von solcher Erfahrung berichtet André Gide in seinen Tagebüchern, um daraus zu folgern: »Ich habe unter denen, die sich einer unerschütterlichen Gesundheit erfreuen, noch keinen getroffen, der nicht nach irgendeiner Seite hin ein bißchen beschränkt gewesen wäre, wie Leute, die nie gereist sind.« Wir gleichen eher jenen, die viel gereist sind, viel auch erfahren mußten, vielfach betroffen sind.

Von solcher Betroffenheit berichtet uns Martin Heidegger in seiner Sammlung »Unterwegs zur Sprache« (1965), wenn er schreibt: »Mit etwas, sei es ein Ding, ein Mensch, ein Gott, eine Erfahrung machen heißt, daß es uns widerfährt, daß es uns trifft, über uns kommt, uns umwirft und verwandelt.«

Mit diesem Präludium aus dem menschlichen Alltag sind wir nun schon etwas eingestimmt auf jene Grunderfahrungen, wie sie ein jeder von uns an sich selbst und seinen Nächsten erleben kann. Was aber wären die ersten, elementaren Phänomene, was sind unsere primären Erlebnisse?

Um ein ganz einfaches Beispiel zu nehmen: Da wird einer eines Morgens wach und kommt nicht mehr so recht hoch, fällt wieder zurück, wird hinfällig. Er fühlt sich einfach anders als sonst: abgeschlagen und schlapp, schwindlig und ohnmächtig, glaubt sich irgendwie ergriffen, oft auch besessen, jedenfalls attackiert. Und er klagt dann auch so: Mir ist ganz anders geworden; es hat mich gepackt; jetzt hat's mich erwischt. Er fühlt sich einfach nicht wohl, ihm ist schlecht geworden, etwas zugestoßen, und dies oft sehr hart. Ihm ist etwas passiert: Er ist arm dran, ist elend!

Oder noch allgemeiner beobachtet und abstrakter formuliert: Da ist einer in Not geraten, krank geworden, durch Anfall, Unfall, Zufälle und ruft nun um Hilfe (schreit, klagt oder verzieht sein Gesicht, krümmt sich), bis einer zu Hilfe eilt und fragt: Was ist mit dir los? Fehlt dir was? Was ist passiert? Schon hier ist es zu einem Umgang mit Kranksein, zu einer Begegnung, zu einer Reaktion auch gekommen. Da geriet einer in Not, ist gestört und verstört und stört nun andere, fällt aus oder fällt auf oder fällt zur Last, ist verrückt, beansprucht andere, fordert heraus, will etwas, braucht etwas, zeigt ein Hilfesuchverhalten.

Damit haben wir bereits die ersten elementaren Bilder von Not, wie wir sie alle irgendwann erfahren, vor Augen: die Hinfälligkeit, das Nicht-mehr-hoch-Kommen, Bedürftigkeit und Bedrängnis, die Enge macht und Angst, Gebrechlichkeit und Niedergeschlagenheit, Insuffizienz und mehr noch Defizienz. Kranksein als »modus deficiens«, als Abgeschlagenheit, Ohnmacht, Ratlosigkeit, damit verbunden dann auch: die Sorge, die Scham, Verzweiflung schließlich – wahrhaftig ein Notstand!

In dieser anthropologischen Grundfigur von »Not und Hilfe« sind der »Mensch in Not«, der »homo patiens«, und sein Gegenüber, der »Mensch als Helfer«, der »homo compatiens«, unmittelbar und von Anfang an verknüpft zur Einheit eines solidarischen Wirkungsganzen. Was wir finden, das ist neben der Teilnahme am Leiden, an den Ängsten und Sorgen eines Mitmenschen, immer auch schon das Phänomen der Mitmenschlichkeit, mit allen Phasen und Graden einer Solidarisierung, der Empathie und der Sympathie. Die Wirklichkeit des Daseins, sie ist in erster Linie eine Wirklichkeit des Daseins!

Der nun zu Hilfe eilt, greift in irgendeiner Weise ein: als Helfer, Heiler, Diener, als Arzt. Das Tun des Arztes ist dialogisch, nicht autonom, ist charakterisiert durch den Eingriff an einem anderen, Eingriff mit dem Wort, dem heilenden Kraut, dem Messer. Und auch hier begegnen wir wieder beinahe selbstverständlichen Folgerungen: Der Krankgewordene leidet, tut einem leid, man leidet mit, hat Mitleid, erweist Barmherzigkeit, übernimmt einen Service.

Damit stehen wir bereits mitten in einem dichten Komplex von immer noch ganz primären Erfahrungen: Der so motivierte Eingriff geht nämlich nicht nur auf das einzelne Individuum, durch die Haut einer Person hindurch, in die Integrität eines anderen Menschen hinein; er geht immer auch schon über die Person hinaus; er bedeutet einen Eingriff in die Familie, in Freundschaften, Gruppen, letztlich in die Sozietät. Und weiter (und das wird meist vergessen und verdrängt): Da Eingriff immer auch mit Risiko verbunden ist, mit Mißgriff, Übergriff, Fehlgriff (schon mit dem bloßen Rat, auch durch die Rat-losigkeit), bedarf alles Eingreifen eo ipso einer Rechtfertigung, einer Apologetik.

Damit ist die Ursituation um Not und Hilfe, um Hilfesuchverhalten und Eingriff in einem ersten Umriß gezeichnet. Aus den primären Grunderfahrungen, wie übrigens dann auch aus den Erkenntnissen des Historikers, läßt sich bereits ein verbindliches Bild entwerfen. Denn die Frage nach Gesundheit und Krankheit war zu allen Zeiten kein theoretisches oder auch nur medizinisches Thema, sondern ein eminent praktisches, ein mehr soziologisches Problem – und oft genug auch ein Politikum! Der Kranke nimmt in der Gesellschaft eine Sonderstellung ein: Er isoliert sich, sein Tagesrhythmus ist gestört, er wird passiv, hilflos, infantil. Der Mensch liegt flach da, wie ein Kind; er sucht bei Freunden Rat, beansprucht fremde Hilfe; er wird unlustig, ängstlich, abhängig, bedürftig. Kranksein an sich ist schon ein Appell an das soziale Empfinden, wie Leiden immer auch etwas eigensinnig macht, asozial. Man feiert krank, dispensiert sich, wird nicht fertig mit seinen Sorgen.

Es gehört einfach zu den menschlichen Grunderfahrungen, daß einer, der leidet und um Hilfe ruft, dann stets auch einen findet, der zu helfen weiß und zu heilen versucht. In gleicher Weise wie das hilflose Kind mütterliche Hege und Pflege findet, so findet auch der Kranke einen Helfer und Diener, oft auch seinen Arzt. Wir sollten dabei nicht vergessen, daß es letztlich immer der ganze Mensch ist und eben nicht »der Kranke«, der einen Arzt aufsucht.

Urerfahrungen dieser Art sind uns allen im Grunde vertraut, auch wenn sie in den modernen Krankheitskonzepten weitgehend ausgeklammert wurden. In unseren Tagen erst versuchen neuere Bestrebungen – wie die Theoretische Pathologie oder die Coping-Verfahren – die Subjektivität des kranken Menschen und sein individuelles Verhalten systematischer zu erforschen. Wir stoßen hierbei wiederum auf älteste Erfahrungen, wenn der Laie seine Krankheit erlebt als Herausforderung oder als Strafe, als Schwäche oder auch Wertsteigerung, als Erleichterung oder aber auch als strategische Möglichkeit im Umgang mit seiner Umwelt. Er kann mit diesen Möglichkeiten konstruktiv oder destruktiv umgehen, kann sein Krankgewordensein negieren oder akzeptieren und wird dementsprechend als leidendes Subjekt auch sein Verhältnis zum Arzt mitgestalten.

Mitteilung und Teilnahme sind es, die Teilhabe und Partizipation ermöglichen, im Umgang mit dem anderen Vertrauen stiften, Beistand geben, Trost spenden, Hoffnung erwecken, Leiden lindern. Der Kranke ist in diesem Erfahrungshorizont von Anfang an und prinzipiell kein Gegenstand, sondern ein Gegenüber, kein Objekt, sondern Subjekt. Seit der »Einführung des Subjektes in die Medizin« sind wir wieder systematischer auf die Persönlichkeit des Patienten hingewiesen worden. Was indes noch völlig fehlt, ist eine wissenschaftliche Phänomenologie des »Homo patiens«.

Dieser Sachverhalt ist in der Tat erstaunlich. In der Geschichte der Medizin sind dicke Wälzer geschrieben worden über die Entwicklung des ärztlichen Standes; ganze Landschaften von Nosologien stehen zur Verfügung; was wir nicht haben, ist eine Geschichte des Kranken. Dies ist um so verwunderlicher, als es nach Hippokrates immer nur drei Dinge sein können, die eine Heilkunde ausmachen: die Krankheit, der Arzt und der Kranke selbst!

Die Welt des Kranken freilich ist mit wissenschaftlichen Methoden nicht so leicht zu erschließen. Der Patient liefert keine Dokumentation über das, was ihm zugestoßen ist. Es wird immer am Arzt liegen, ob und wie er in der Anamnese die Vorgeschichte des jetzt und hier vorwaltenden Zustandsbildes zu erhellen in der Lage ist. Der Kranke berichtet nicht über sein Leiden; und selbst wenn er ein Tagebuch führen sollte, die Störung oder die Stimmung würde ihm die Feder aus der Hand nehmen. Um ein Bild des kranken Menschen zu zeichnen, müssen wir indirekte Quellen und Hilfsmittel sammeln und sichten. Vielleicht sind es eher die Dichter und Denker, die in großen Umrissen, aber auch in der vollen Dichtigkeit am ehesten noch eine Sinngestalt vom Kranksein zu entwerfen in der Lage sind.

In seinen »Autobiographischen Schriften« etwa versteht der Philosoph Karl Jaspers die Krankheit seines Lebens als das Schicksal seiner Existenz. »Immer ist der Mensch in seiner Lage als einzelner vor die Aufgabe gestellt, mit seiner Krankheit in seiner Welt eine Lebensform zu finden, die nicht allgemein entworfen und nicht identisch wiederholt werden kann.«

Wir sollten es daher nicht bei der Unterscheidung von »Krankheit« und »Kranksein« belassen, wonach die Krankheit als »körperlicher« Prozeß zu verstehen wäre, Kranksein aber als die »psychische« Antwort darauf. Als Patienten erleben wir beides als eine Einheit: Wenn ich eine Krankheit bekommen *habe,* dann *bin* ich krank!

Heinz Zahrnt
Sterben

Die allgemeine religionsgeschichtliche Aussage, daß Gott den Menschen das Leid schicke, wird im Christentum überholt von der Zusage, daß Gott sich selbst ins Leid der Menschen schickt. Hier hat die von Jesus stellvertretend erbrachte Gotteserkenntnis ihre Pointe:
Gott steht bei den Menschen im Leiden.

Nicht zufällig ist das Leiden und Sterben Jesu in den Evangelien am frühesten im Zusammenhang erzählt worden. Alles in ihnen strebt auf sie Passion Jesu zu. Darum sind die vier Evangelien auch keine Biographien mit einem tragischen Schluß, sondern Passionsgeschichten mit ausführlichen Einleitungen.

Am Kreuz auf Golgatha erreicht Jesu Gottesbild seine schärfste und tiefste Kontur: Sein Antlitz ist das »Haupt voll Blut und Wunden«. Die antiken Götter lächeln, selig in sich selbst, angesichts der Leiden der Menschen. Der Gott des Alten Testaments lacht und spottet über ihren Hochmut – der Vater Jesu von Nazareth lächelt weder noch lacht er über Menschen, sondern er leidet mit den Menschen.

Daß von Gott nicht nur Liebe, sondern auch Leiden aus Liebe ausgesagt wird, bedeutet die letzte, unüberbietbare Vollendung der Gotteserkenntnis, die Jesus durch sein Leben, Leiden und Sterben stellvertretend erbracht hat. Nicht in der Krippe von Bethlehem, sondern am Kreuz von Golgatha erschließt sich mir Gottes Wesen daher am tiefsten. Im Sterben Jesu tritt dies konkret ins Bild.

Von den Menschen verurteilt, in seinem Glauben angefochten und so, wie es aussieht, selbst von Gott verlassen, betet Jesus, am Kreuz hängend, den 22. Psalm: »Mein Gott, mein Gott, warum hast du mich verlassen?« Dieses Gebet spiegelt wider, wie Jesus sich mit dem ihm widererfahrenen Leid auseinandergesetzt und es schließlich angenommen hat.

Der alttestamentliche Psalm beginnt mit der Klage des Beters über sein Leid, insonderheit über das ihm von seinen Feinden angetane Unrecht. Schlimmer aber noch als alle ihm von den Menschen angetanen Kränkungen quält den Psalmisten seine Gottverlassenheit – er sucht Gott in seiner Not und kann ihn nirgends finden. Dann aber wandelt seine Klage sich in die Bitte um Rettung; sein Vertrauen wächst wieder, bis er Gottes schließlich wieder aufs neue gewiß ist. Der Psalm endet in Lob und Dank, mit der Bezeugung der Treue Gottes.

In Jesu Mund bedeutet dieser Psalm weder nur einen Verzweiflungsschrei noch nur eine Vertrauenskundgebung. Jesus ist weder sterbend in seinem Glauben zusammengebrochen, noch ist er mit einem Triumph auf den Lippen untergegangen. Vielmehr hat er bis in die letzte Tiefe hinab erfahren, was es heißt, von den Menschen verworfen und von Gott verlassen zu sein.

Nicht, daß Jesus größere körperliche Schmerzen als andere Menschen hat erdulden müssen! Ich weiß nicht, was schlimmer ist, neun Stunden lang am Kreuze zu sterben oder sich einen Tag und eine Nacht lang mit einem Bauchschuß im Niemandsland die Seele aus dem Leib zu schreien. Aber weil Jesus sich mit Gott in einzigartiger Weise verbunden wußte, weil er Gott seinen »Vater« nannte, wie sonst kein Mensch zu Gott »Vater« sagen kann, und weil er sich an seine Mitmenschen hingab, wie sonst kein Mensch sich auf einen Mitmenschen eingelassen hat, darum mußte er auch tiefer als je ein Mensch erfahren, was es heißt, von Gott und den Menschen verlassen zu sein.

In seiner Menschen- und Gottverlassenheit aber ruft Jesus nun gerade zu Gott und wirft sich ihm in die Arme: »Mein Gott, mein Gott, warum hast du mich verlassen?« Das bedeutet: Jesus hat seine Erfahrung Gottes als Vater auch im Leid durchgehalten, richtiger, seine Erfahrung Gottes als Vater hat ihn auch durch das Leid hindurchgetragen. Selbst in der Stunde der Gottverlassenheit hat sie sich bewahrheitet. Inmitten des Bruches, den Jesu Scheitern und Tod bedeutet, ist etwas Bleibendes: Gottes Treue und Jesu Trauen.

Jegliche theologische Überhöhung oder gar Verherrlichung menschlichen Leidens schlägt dem Sterben Jesu von Nazareth ins Gesicht. Das zeigt ein Vergleich zwischen dem Tode Jesu und dem

Sterben des Sokrates. Vergleichen wir beider Sterben miteinander, so fällt als erstes auf: Sokrates ist feiner, edler, vornehmer, mit einem Wort, elitär gestorben. Er erweist sich geradezu als ein Meister im Sterben. Voller Gleichmut, ja in heiterer Gelassenheit trinkt er den Schierlingsbecher. Und sterbend noch philosophiert er mit seinen Freunden gelassen über den Tod. Das sind fast übermenschliche Züge. Matthias Claudius schreibt darüber: »Es ist nicht, als sähe man einen Menschen sterben; man glaubt einen Unsterblichen zu sehen, einen Freund und Vertrauten des Himmels und der Götter, der zu den Wohnungen des Friedens *heim*kehret und nur an der Schwelle den Staub abschüttelt, der sich auf ihn gesetzt hatte.«

Im Gegensatz dazu wirkt Jesu Sterben gwöhnlich, roh, gemein, mit einem Wort, vulgär. Jesus hat Angst vor dem Sterben. Er nimmt den Kelch des Leidens nicht ohne Zagen an wie Sokrates den Schierlingsbecher, sondern er betet im Garten Gethsemane verzagt: »Vater, ist's möglich, so gehe dieser Kelch an mir vorüber; doch nicht, wie ich will, sondern wie du willst!« Und als es dann soweit ist, stirbt er für sich allein, ohne Gespräch und Geleit, am Ende mit einem Schrei. Aber gerade die Art seines Sterbens macht Jesu Tod zu einem brüderlichen Tod. Jesus ist gestorben wie einer der geringsten Brüder – so, wie Menschen sterben: auf Intensivstationen und in Gaskammern, auf Schlachtfeldern und in Vernichtungslagern, an Hinrichtungsstätten und in Slums, auf der Straße, im Meer und im Bett, einsam, angstvoll, namenlos.

Aber was besagt das schon, daß Jesus wie einer der geringsten Brüder gestorben ist? Seid umschlungen, Millionen, noch im Tode – wem hilft das, wenn er selber an der Reihe ist? »Am Ende« bleibt auch die Beschwörung des brüderlichen Sterbens Jesu trotz allen scheinbar ehrlichen und harten Realismus nur eine Beschwichtigung und Beschönigung des Todes.

Niemand würde dem Tode Jesu jemals göttliche Bedeutung beigemessen haben, ja kein Mensch würde heute überhaupt noch von seiner Kreuzigung sprechen, wenn sich hinterher nicht jene Ereignisse zugetragen hätten, die der Glaube als »Auferweckung Jesu« gedeutet hat. Die Christen haben zuerst an die Auferweckung Jesu und erst dann an sein Kreuz geglaubt. *Danach* erst haben sie erkannt, was *dahinter* war: daß Jesu Geschick die Geschichte Gottes mit der Menschheit bedeutet und seine Kreuzigung daher nicht das Ende, sondern die Vollendung dieser Geschichte. Darum fährt auch Matthias Claudius an der zitierten Stelle fort: »Der Abschied des Sokrates aus der Welt war schön und rührend... Aber hier ist mehr als Sokrates. Hier ist die Herrlichkeit Gottes selbst. Lege deine Stirne auf die Erde: Ecce homo.«

Siehe, ein Mensch! Daß Gott am Kreuz von Golgatha gestorben sei, kann man nicht mit letztem Ernst behaupten. Denn entweder war dieser Tod nur ein Intermezzo, also kein wirklicher Tod, sondern ein Scheintod – oder Gott ist auf Golgatha wirklich gestorben: Dann gibt es ihn seitdem nicht mehr – und hat ihn dann auch vorher nie gegeben! Wohl aber wird man dies sagen können, ja sagen müssen: daß mit dem Tod Jesu am Kreuz eine bestimmte Gottes*vorstellung* gestorben ist, nämlich der Wunsch nach einem starken, allmächtigen Gott, der wie ein deus ex machina den Menschen aus allem Leid hilft und ihnen alle Wünsche erfüllt.

Den allmächtigen Gott kennen auch die Heiden – er kommt in vielen Religionen vor. Jeder monotheistische Gott ist auch allmächtig. Im Christentum sind zum erstenmal in der Religionsgeschichte, ja in der ganzen inneren Geschichte der Menschheit überhaupt, Gott und Leiden positiv zusammengebracht. Damit ist jeder nur mögliche Gottesgedanke auf die Spitze getrieben – weiter als bis ins Leiden hinein läßt Gott sich nicht exponieren. Der Gott Hiobs will »imponieren«, der Vater Jesu von Nazareth läßt sich »exponieren«.

Aber kann man andererseits weniger über Gott aussagen, wenn man die Zusage seiner Liebe ernst nimmt? Ein Gott, der nur »bis hierher und nicht weiter« liebte, wäre als ein leidloser zugleich ein liebloser, ja ein unmenschlicher Gott. Jeder Mensch, der aus Liebe zu einem anderen Menschen mit diesem nicht auch leidet – und wer täte dies nicht wenigstens einmal im Leben? –, wäre einem solchen allmächtigen, leidlosen Gott überlegen. Das Eine ist mir seit Jesu Kreuzestod gewiß: daß Gott in der Geschichte niemals auf seiten der Henker, vielmehr immer den Leidenden zur Seite steht.

So betrachtet, bedeutet die Geschichte Jesu von Nazareth die *Rechtfertigung Gottes vor den Menschen angesichts des Leids der*

Welt. Lieben und leiden – was Camus in seinem »Mythos von Sisyphos« vom Universum verlangt, damit der Mensch versöhnt werde –, hier geschieht's: Was das Leid der Welt betrifft, ist Gott ein Mitbetroffener.

QUELLENNACHWEIS

I GESELLSCHAFT UND GESCHICHTE

Jürg Altwegg: Die Republik des Geistes. Frankreichs Intellektuelle zwischen Revolution und Reaktion. 1986, S. 173–177.
Hannah Arendt/Karl Jaspers: Briefwechsel. 1926–1969. Herausgegeben von Lotte Köhler und Hans Saner. 1985, S. 281–286.
Martin Greiffenhagen: Von Potsdam nach Bonn. Zehn Kapitel zur politischen Kultur Deutschlands. 1986, S. 137–141.
Norbert Greinacher/Hans Küng (Hrsg.): Katholische Kirche – wohin? Wider den Verrat am Konzil. 1986, Serie Piper 488, S. 55–58.
Hans Maier: Politische Wissenschaft in Deutschland. Lehre und Wirkung. Erweiterte Neuausgabe. 1985, S. 138–143.
Hubert Markl: Evolution, Genetik und menschliches Verhalten. Zur Frage wissenschaftlicher Verantwortung. 1986, Serie Piper 623, S. 126–130.
Joseph Rovan: Zwei Völker – eine Zukunft. Deutsche und Franzosen an der Schwelle des 21. Jahrhunderts. 1986, S. 40–46.
Ansgar Skriver: Zu viele Menschen? Die Bevölkerungskatastrophe ist unvermeidbar. 1986; Serie Piper 503, S. 101–105.
Michael Stürmer: Dissonanzen des Fortschritts. Essays über Geschichte und Politik in Deutschland. Alteuropäische Erinnerung. 1986, S. 78–83.

II VERANTWORTUNG UND HANDELN

Thea Bauriedl: Die Wiederkehr des Verdrängten. Psychoanalyse, Politik und der einzelne. 1986, S. 121–125.
Kurt H. Biedenkopf: Die neue Sicht der Dinge. Plädoyer für eine freiheitliche Wirtschafts- und Sozialordnung. 1985, S. 448–452.
John C. Eccles/Daniel N. Robinson: Das Wunder des Menschseins. Gehirn und Geist. Aus dem Englischen von Agnes und Peter Löns. 1986, S. 213–216.
Otto Hahn: Mein Leben. Erweiterte Neuausgabe. Mit 30 Abbildungen. Herausgegeben von Dietrich Hahn. 1986, Serie Piper 538, S. 231–236.
Hildegard Hamm-Brücher: Kämpfen für einen demokratische Kultur. Texte aus vier Jahrzehnten. 1986, Serie Piper 624, S. 40–46.
Werner Heisenberg: Gesammelte Werke. Abteilung C: Allgemeinverständliche Schriften, Band IV: Biographisches und Kernphysik. 1986, S. 152–154.
Karl Jaspers: Der Arzt im technischen Zeitalter. Technik und Medizin – Arzt und Patient – Kritik der Psychotherapie. 1986, Serie Piper 441, S. 15–18.
Arthur Kaufmann: Gerechtigkeit – der vergessene Weg zum Frieden. Gedanken eines Rechtsphilosophen zu einem politischen Thema. 1986, Serie Piper 478, S. 81–85.
Christian Graf von Krockow, in: *Marielouise Janssen-Jurreit* (Hrsg.): Lieben Sie Deutschland? Gefühle zur Lage der Nation. 1985, Serie Piper 368, S. 91–97.

III DENKEN UND DEUTEN

Norbert Bischof: Das Rätsel Ödipus. Die biologischen Wurzeln des Urkonfliktes von Intimität und Autonomie. 1985, S. 557–560.
Felix von Cube/Dietger Alshuth: Fordern statt Verwöhnen. Die Erkenntnisse der Verhaltensbiologie in Erziehung und Führung. 1986, S. 129–131.
Alfred Gierer: Die Physik, das Leben und die Seele. 1986, S. 252–255.
Alexander Kluge, in: *Klaus von Bismarck/Günter Gaus/Alexander Kluge/Ferdinand Sieger:* Industrialisierung des Bewußtseins. Eine kritische Auseinandersetzung mit den „neuen" Medien. 1985, Serie Piper 473, S. 102–105.
Bernd-Olaf Küppers: Der Ursprung biologischer Information. Zur Naturphilosophie der Lebensentstehung. 1986, S. 50–55.
Yehudi Menuhin: Kunst als Hoffnung für die Menschheit. Reden und Schriften. Ausgewählt, eingeleitet und aus dem Englischen übersetzt von Horst Leuchtmann. 1986, S. 110–116.
Roger Sperry: Naturwissenschaft und Wertentscheidung. Aus dem Amerikanischen von Juliane Gräbener. 1985, S. 155–158.

IV GRENZBEREICHE

Hannah Arendt: Eichmann in Jerusalem. Ein Bericht von der Banalität des Bösen. Aus dem Amerikanischen von Brigitte Granzow. Neuausgabe 1986, Serie Piper 308, S. 22–25.
Monika Gerlinghoff: Magersüchtig. Eine Therapeutin und Betroffene berichten. 1985, S. 16–18.
Klemens von Klemperer, in: *Jürgen Schmädeke/Peter Steinbach* (Hrsg.): Der Widerstand gegen den Nationalsozialismus. Die deutsche Gesellschaft und der Widerstand gegen Hitler. 1985, S. 1097–1100.
Thomas Kruchem: Brücken über die Apartheid. Gespräche im Südafrika des Ausnahmezustands. 1986, Serie Piper 1349, S. 231–234.
Heinrich Schipperges: Homo patiens. Zur Geschichte des kranken Menschen. 1985, S. 20–26.
Heinz Zahrnt: Wie kann Gott das zulassen? Hiob – Der Mensch im Leid. 1985, Serie Piper 453, S. 69–75.

DIE AUTOREN

Dietger Alshuth, geboren 1939 in Gumbinnen/Ostpreußen; Studium der Erziehungswissenschaften, der Psychologie und der Musik; Dr. phil. Spezialausbildungen in den Bereichen Führung, Organisation und Verkauf. Seit 1970 Leitungsfunktionen in Wirtschaftsunternehmen, seit 1978 im Vorstand einer Unternehmensberatergruppe.

Jürg Altwegg, geboren 1951 in Zürich, lebt in Genf. Studium der Romanistik, Germanistik und Geschichte. Schreibt seit Jahren regelmäßig für »Die Zeit«; seit 1984 ist er ständiger Mitarbeiter der »Frankfurter Allgemeinen Zeitung«. Westschweiz- und Frankreich-Kulturkorrespondent des Zürcher »Tages-Anzeigers« und der »Basler Zeitung«. Jürg Altwegg ist Chefredakteur des Magazins »Bücherpick«.

Hannah Arendt, geboren 1906 in Hannover, gestorben 1975 in New York. Studium der Philosophie, Theologie und des Griechischen. 1933 Emigration, 1963 Professorin an der Universität von Chicago, seit 1968 an der New School for Social Research in New York.

Thea Bauriedl, Dr. phil., Diplompsychologin, ist Privatdozentin an der Universität München und Dozentin an der Akademie für Psychoanalyse München. Sie arbeitet als Psychoanalytikerin in freier Praxis.

Kurt H. Biedenkopf, geboren 1930 in Ludwigshafen, Studium der Politik- und der Rechtswissenschaften sowie der Nationalökonomie, Promotion 1958, Habilitation 1963, 1964–1970 Prof. für Handels-, Wirtschafts- und Arbeitsrecht an der Universität Bochum, 1967–1969 Rektor dieser Universität, 1968–1970 Vorsitzender der von der Bundesregierung eingesetzten Mitbestimmungskommission; 1971–1973 Mitglied der zentralen Geschäftsleitung der Firma Henkel; 1973–1977 Generalsekretär der CDU, 1976–1980 Mitglied des Bundestags, seit 1980 Mitglied des Landtags von Nordrhein-Westfalen, seit 1987 Mitglied des Bundestages.

Norbert Bischof, geboren 1930 in Breslau. Studium der Psychologie, Philosophie und Zoologie in München. Seit 1958 wissenschaftlicher Mitarbeiter am Max-Planck-Institut für Verhaltensphysiologie in Seewiesen. Von 1973 bis 1975 Gastprofessor am California Institute of Technology, Pasadena. Seit 1975 o. Prof. für allgemeine Psychologie und Direktor der biomathematischen Abteilung am psychologischen Institut der Universität Zürich.

Felix von Cube, geboren 1927 in Stuttgart, Studium der Mathematik und Naturwissenschaften; Dr. rer. nat., Professuren für Pädagogik in Berlin und Bonn, seit 1974 o. Prof. für Erziehungswissenschaften an der Universität Heidelberg. Er wurde bekannt als Pionier der kybernetischen Pädagogik sowie durch seine Auseinandersetzung mit bildungspolitischen und wissenschaftstheoretischen Problemen.

Sir John C. Eccles, geboren 1903 in Melbourne, Medizinstudium in Melbourne. Nach Promotion Lehrtätigkeit in Oxford, dann Institutsdirektor in Sydney. Professuren in Otago (Neuseeland), Canberra (Australien) und Buffalo (USA). 1957–1961 Präsident der australischen Akademie der Wissenschaften. 1963 Nobelpreis für Medizin.

Monika Gerlinghoff, Dr. med., geboren 1939 in Hildesheim, Studium der Medizin in München, Psychotherapeutin. Ärztin für Nervenheilkunde und Kinder- und Jugendpsychiatrie am Max-Planck-Institut für Psychiatrie in München.

Alfred Gierer, geboren 1929 in Berlin, 1946–1953 Studium der Physik in Göttingen, 1953 Promotion, 1954–1960 wissenschaftlicher Mitarbeiter am Max-Planck-Institut für Virusforschung in Tübingen, 1958 Dozent für Biophysik, seit 1960 wissenschaftliches Mitglied der Max-Planck-Gesellschaft und Leiter der Abteilung Molekularbiologie am Max-Planck-Institut für Virusforschung (seit 1984 MPI für Entwicklungsbiologie) in Tübingen, seit 1965 Direktor am Institut und Prof. für Biophysik an der Universität Tübingen.

Martin Greiffenhagen, geboren 1928 in Bremervörde, aufgewachsen in Bremen, Buchhandelslehre, Studium der Philosophie, Literaturwissenschaft, Wirtschafts- und Sozialwissenschaften in Heidelberg, Göttingen, Birmingham und Oxford. 1962–1965 Prof. für Politikwissenschaft an der Pädagogischen Hochschule Lüneburg, seit 1965 Direktor des Instituts für Politikwissenschaft an der Universität Stuttgart.

Norbert Greinacher, geboren 1931 in Freiburg/Brsg. 1950–1955 Studium der Theologie und Philosophie an der Universität Freiburg und am »Institut Catholique« in Paris, Promotion 1955. Nach der Priesterweihe 1956 in der Seelsorge tätig. 1966 Habilitation, seit 1969 Prof. für Praktische Theologie an der Universität Tübingen.

Otto Hahn, geboren 1879 in Frankfurt am Main, gestorben 1968 in Göttingen, war seit 1912 Wissenschaftliches Mitglied und von 1928 bis 1945 Direktor des Kaiser-Wilhelm-Instituts für Chemie in Berlin-Dahlem. 1907 Entdeckung des Mesothoriums I und II, 1908 des Radioaktiven Rückstoßes, 1917 des Protactiniums (mit L. Meitner), 1921 der Kernisomerie und 1938 der Kernspaltung des Urans und Thoriums (mit F. Straßmann). Nobelpreis für Chemie 1944. Von 1946 bis 1960 Präsident der Kaiser-Wilhelm- bzw. Max-Planck-Gesellschaft zur Förderung der Wissenschaften, von 1960 bis 1968 deren Ehrenpräsident.

Hildegard Hamm-Brücher; Dr, rer. nat., Dr. h. c., geboren 1921 in Essen, Studium der Chemie in München, Promotion 1945; seit 1948 Mitglied der FDP, 1964 bis 1976 Mitglied des Bundesvorstandes, 1972 bis 1976 stellvertretende Bundesvorsitzende der FDP; seit 1964 Vorsitzende der Stiftung »Theodor-Heuss-Preis«; seit 1948 als Stadträtin, Landtagsabgeordnete, Bundestagsabgeordnete, langjährige Staatssekretärin und Staatsministerin im politischen Leben tätig.

Werner Heisenberg, geboren 1901 in Würzburg, gestorben 1976 in München. Studium der Physik, 1924/1925 bei Niels Bohr in Kopenhagen, 1927 o. Prof. für theoretische Physik an der Universität Leipzig, 1933 (für 1932) Nobelpreis für Physik, 1942 Berufung an die Universität Berlin, Direktor am Kaiser-Wilhelm-Institut für Physik, 1946 Errichtung des Max-Planck-Instituts für Physik in Göttingen, 1958 Übersiedlung mit dem Institut nach München (Max-Planck-Institut für Physik und Astrophysik), 1966 bis 1972 Vizepräsident der Max-Planck-Gesellschaft.

Karl Jaspers, geboren 1883 in Oldenburg, gestorben 1969 in Basel. Studierte zuerst Jura, dann Medizin, Promotion 1909 in Heidelberg. Während seiner Assistentenzeit an der Psychiatrischen Klinik habilitierte er sich für Psychologie. Ab 1916 war er Prof. für Psychologie, ab 1921 für Philosophie an der Universität Heidelberg. 1937 wurde er – bis zu seiner Wiedereinsetzung im Jahre 1945 – seines Amtes enthoben. Von 1948 bis 1961 war er Prof. für Philosophie in Basel.

Arthur Kaufmann, geboren 1923 in Singen (Hohentwiel), Studium der Rechtswissenschaft in Heidelberg, danach Richter am Landgericht Karlsruhe. 1957 Rückkehr an die Universität, Studium der Philosophie und Habilitation für Strafrecht, Strafprozeßrecht und Rechtsphilosophie. 1960 o. Prof. an der Universität Saarbrücken, seit 1969 an der Universität München. Dort Direktor des Instituts für Rechtsphilosophie und Rechtsinformatik.

Klemens von Klemperer, geboren 1916, 1941–1949 wiss. Assistent und Lehrbeauftragter für Geschichte an der Harvard University, seit 1949 Prof. am Smith College, Northampton (Mass.), Gastprofessuren an der Stanford University sowie an den Universitäten Bonn, Cambridge und Oxford.

Alexander Kluge, geboren 1932 in Halberstadt; Studium der Rechtswissenschaft und Geschichte in Marburg und Frankfurt, Promotion (Dr. jur.), 1973 Prof. h. c. der Johann-Wolfgang-Goethe-Universität Frankfurt, Schriftsteller und Filmregisseur.

Christian Graf von Krockow, geboren 1927 in Ostpommern, war Prof. für Politikwissenschaft in Göttingen, Saarbrücken und Frankfurt/Main. Seit 1969 arbeitet er als freier Publizist. 1982/83 war er Mitglied im Wissenschaftskolleg zu Berlin.

Thomas Kruchem, geboren 1954, Studium der Politikwissenschaft und Geschichte an der Universität Heidelberg; danach freie journalistische Tätigkeit für die deutsch- und englischsprachige Presse, Rundfunk und Fernsehen; ausgedehnte Reisen in die Dritte Welt, insbesondere durch das südliche Afrika; Mitarbeit an wissenschaftlichen Publikationen, u. a. am »Handbuch der Dritten Welt«, 1986 erhielt er den »Journalistenpreis Entwicklungspolitik«.

Bernd-Olaf Küppers, geboren 1944 in Bayreuth. 1965–1971 Studium der Physik in Göttingen und Bonn, danach Forschungsaufenthalt an der Columbia University in New York. 1975 Promotion bei Manfred Eigen, seit 1975 Grundlagenforschung am Max-Planck-Institut für biophysikalische Chemie in Göttingen, 1979–1984 Lehrauftrag für Philosophie an der Universität Göttingen.

Hans Maier, geboren 1931 in Freiburg, Habilitation bei Arnold Bergstraesser, seit 1962 Prof. für Politische Wissenschaft in München. Von 1970–1986 Bayerischer Staatsminister für Unterricht und Kultus, seit 1976 auch Präsident des Zentralkomitees der Deutschen Katholiken, Mitglied der Deutschen Akademie für Sprache und Dichtung.

Hubert Markl, geboren 1938 in Regensburg, Studium der Biologie, Chemie und Geographie in München, 1962 Promotion in Zoologie, 1962–1967 Wiss. Assistent an den Universitäten München und Frankfurt, 1967 Habilitation, 1968–1974 Prof. für Zoologie an der TH Darmstadt, seit 1974 Prof. an der Universität Konstanz. Forschungsschwerpunkte: Verhaltensforschung und Sinnesphysiologie, Evolution sozialen Verhaltens bei Tieren. 1977–1983 Vizepräsident, seit Januar 1986 Präsident der Deutschen Forschungsgemeinschaft in Bonn.

Sir Yehudi Menuhin, geboren 1916 als Sohn russisch-jüdischer Eltern in New York, begann mit fünf Jahren Violine zu spielen; Studium bei Georges Enesco, Louis Persinger, Adolf Busch und anderen. Er konzertiert seit seinem 7. Lebensjahr; seit vielen Jahren ist er auch als Dirigent tätig. 1979 Friedenspreis des Deutschen Buchhandels, 1984 Ernst von Siemens-Musikpreis.

Joseph Rovan, geboren 1918 in München, mußte 1933 nach Frankreich emigrieren. Nach Kriegsdienst auf französischer Seite und Mitarbeit in der Résistance wurde er 1944 verhaftet und in das Konzentrationslager Dachau deportiert. 1945 befreit, war er in den folgenden Jahren unter anderem Mitarbeiter in der Französischen Hohen Kommission in Deutschland, Mitglied der Programmkommission des Französischen Fernsehens, ständiger Mitarbeiter von »Le Monde« und Hörfunkkorrespondent des Bayerischen Rundfunks in Paris. Seit 1968 ist er Professor für deutsche Geschichte und Politik an der Sorbonne.

Ansgar Skriver, geboren 1934 in Ockholm/Nordfriesland. Nach Studium der Volkswirtschaft und Soziologie freier Journalist und Verlagslektor, seit 1966 politischer Redakteur im WDR-Hörfunk. Vin 1981 bis 1985 WDR/NDR-Hörfunkkorrespondent in New York. Seit 1985 wieder politischer Redakteur beim WDR in Köln. Mitglied des PEN-Clubs.

Roger Sperry, geboren 1913 in Hartford/Connecticut, hat gegenwärtig den Lehrstuhl für Psychobiologie am »California Institute of Technology« inne. Er erhielt 1981 den Nobelpreis für Medizin für seine Gehirnforschungen. Seine »Split-Brain«-Studien eröffneten ein neues Feld für die Erforschung der geistigen Spezialfunktionen der beiden Gehirnhälften.

Heinrich Schipperges, geboren 1918 in Kleinenbroich/Niederrhein, Studium der Medizin und Philosophie in Bonn und Düsseldorf, 1951 medizinisches Staatsexamen und Promotion, 1952 philosophische Promotion in Bonn. Nach praktischer ärztlicher Tätigkeit in Bonn und Zürich 1960 Facharzt für Neurologie und Psychiatrie. 1961–1986 o. Prof. und Direktor des Instituts für Geschichte der Medizin an der Universität Heidelberg.

Michael Stürmer, geboren 1938 in Kassel, seit 1973 o. Prof. für Mittlere und Neuere Geschichte an der Universität Erlangen-Nürnberg. Mitglied des Institute for Advanced Study in Princeton 1977/78, Professeur associé Sorbonne. Kolumnist der »Frankfurter Allgemeinen Zeitung«. Wissenschaftliche Arbeitsgebiete: Kulturgeschichte des 17. und 18. Jahrhunderts, Internationale Beziehungen und Verfassungsgeschichte des 19. und 20. Jahrhunderts.

Heinz Zahrnt, geboren 1915 in Kiel, studierte Theologie und Geschichte, promovierte mit einer Arbeit über Luthers Geschichtsdeutung. Er war 25 Jahre lang theologischer Chefredakteur des »Deutschen Allgemeinen Sonntagsblatts«, ist seit 1960 Mitglied des Präsidiums des Deutschen Evangelischen Kirchentags.